西沢江美子

あぶない肉

beef, pork, chicken

めこん

チラシの読み方 役立て方

「等級」が書いてあると何か上等に考えてしまう。牛肉の格付けによるが、大ざっぱにいうと肉の光沢や脂肪の状況、肉のキメなどで5段階評価をして決めたもの。食べる側はそんなに気にしなくていい。

この１枚から、霧島というところでゆっくりと育てた鶏肉と読み取れる。宮崎県産・もも正肉もていねいな表示。後は、お店でのあなたの目。

「赤身」でこの値段は安い。ヒレですかと聞いてみてください。

厳選豚といっても、米国産のブランド豚。

この値段だと下味がついている可能性が高い。唐揚げ用肉などは、産地や加工日を確認したい。

ミンチはとかく中身の表示がないことが多い。

「黒毛和牛」といっても、輸入ものもある。「国産」の表示を確認すること。

「割引き」のものには、特に注意。そのわけをお店で聞くこと。

チラシは最も身近な情報源。１円でも安いものをというだけでなく、安全な確かな肉を求める資料だと考えたい。美しい、立派なチラシでなくても、肉の情報の細かくて多いものを参考にしたい。

肉の見分け方のポイントと表示の見方アドバイス

牛肉

輸入ものは国産より脂身が濃い黄色で、
肉色が濃い赤。
脂肪の入り具合をよく見比べる。
国産は淡い脂肪が網目になっている。

ラベル表示

- 輸入もの
- 生産国(豪州産)
- 部位か、用途名
- 食肉の保存基準は10℃以下だが、4℃以下が多い
- カットして詰めた肉
- 100g当たり(円)
- 正味量

ラベル表示

- 国産
- 牛の個体識別番号10ケタ
(インターネット等でこの肉の履歴がわかる)
- 生産国名(国産)
- 銘柄表示
たとえば、米沢牛、松阪牛などについては、これまでは原産地表示の省略ができたが、2005年10月1日からすべて(国産)と表示するようになる

豚肉

脂身を見ると、輸入ものは国産より多少ピンクがかったくすんだ色。国産はきれいな白色。

赤味は輸入もののほうが色が淡い。国産はそれより赤色が強く、脂身とのバランスがいい。

輸入ものは長い時間冷凍し、解凍するので、肉汁が出ていたり、その肉汁が脂身にもどってピンク色になっていることがある。国産はよほど古くならないと肉汁は出ていない。

ラベル表示

- 輸入もの
- 生産国（アメリカ産）
- 食肉の種類と用途名
- 保存温度
- 賞味期限と加工日、解凍・カット日
- 100g当たり（円）
- 正味量

ラベル表示

- 国産
- もち豚、ムギ豚などブランド豚については、チェックして、国産・県産などを確認

スーパーでは、できるだけ自然光に近い明るいコーナーで見比べること。アメリカでのBSE以来、輸入牛肉が店頭に少ないが、輸入解禁されると、一気に安い冷凍ものが並ぶ可能性大。偽装表示も気になる。見分けられる目を養うことが消費者に必要になってくる。輸入肉にはくれぐれもご注意。

鶏肉

脂身は乳白色か白っぽいほうが国産。
肉の色が黒っぽかったら、若鶏でない。
輸入肉の方が肉色が濃い。
肉汁が出ていないか確認。
多く出ていれば解凍後の処理がよくないか、古いもの。

ラベル表示

- 輸入もの
- 生産国(ブラジル)
- 鶏肉の部位、用途名、(解凍)
- 保存温度4℃
- 解凍カット日
- 賞味期限
- 国産

ラベル表示

- 国産
- 地鶏とか○○鶏と銘柄鶏については注意してみること
- 100g当たり(円)
- 正味量

表示のないものは、手を出さない方がいい。特に中身のわかりにくい、ミンチ(ひき肉)、ミートボール、ハンバーグなどの加工品、そして成形肉といわれているものは、その内容物をしっかりと表示してあるものを選びたい。

はじめに

スーパーの一角を占めた沢山の肉。豚、牛、鶏の肉に、その加工品をぎっしりときれいに詰めた冷蔵ケースは、ほど良い照明を浴びて、赤色系で微妙にちがう色具合が、とてもおいしそうだ。だが、そこからは、生命を肉にかえて人間に提供してくれた豚や牛、鶏の気配を感じることはできない。ほとんどの人は、カレー用、ステーキ用、小間切れなどとシールを貼ったトレーに盛られた肉から、「動物」を想像することさえないだろう。

少なくとも今から三〇年ほど前までは、多くの人たちの近くに、豚や牛、鶏の姿があった。大都会でこれらの家畜に出会うことはむずかしかったが、肉屋の奥には豚の片身がぶら下がっていたり、白いサラシにしっかりと巻かれた牛肉の塊も見えていた。そこからは、まだまだ家畜を飼育している人のこと、家畜たちが残飯を食べて生きていること、そして、その家畜が屠畜されて肉になるといったことを、大ざっぱに想像したり、聞いてみることもできた。だが気がついたら、私たちの暮らしの中から家畜が消えていた。まるで肉工場がどこかにあって、ボタンを押すだけで肉切れが飛び出してくるようにさえ思えてしまう。

肉と家畜がつながらなくなってしまった。いつからだろうか。多くの人が肉になるまでに関わり、無数の家畜たちの断末魔の悲鳴があるはずなのに、いっさい見えない。見学できる屠畜場はほとんどなく、家畜を飼う農場も遠くなってしまった。肉をつくる人と食べる人の間に深い闇がつくられてしまっている。BSE（牛海綿状脳症）発生は、この闇を私たちに突きつけた。

BSEに鳥インフルエンザなどと、家畜に対する新しい病気が発生し、それはそのまま人へと伝染している。鳥インフルエンザは人への新しいインフルエンザとなって、ついにアジアの国々で多くの死者を出し、いつ日本に入ってきてもおかしくない状況だ。BSEは変異型クロイツフェルト・ヤコブ病を発生させ、世界中を恐怖にまき込んでいる。日本でもその犠牲者が出てしまった。私たちはもう、当たりまえのように目の前にある肉を何気なく手にとることはできなくなってしまった。

しかし、その肉の向こう側にあるものを探ろうと、店内のトレーの肉につけられた「表示」をながめまわしても、やっぱり不安は解消されない。この肉は、本当に表示通りなのだろうか……。この数年私たちはあまりにも多くの偽装表示事件にまき込まれてしまったからだ。

食の安全はどうなるのだろうか。当面最も不安なことは、アメリカ産牛肉の輸入再々開だ。アメリカ政府の圧力によって、世界でも一番安全性が高いといわれてきた日本の牛の全頭検査体制が壊れようとしている。食の安全は、人間の生きる権利である。政治的に決着をつけるのなら、この権利（生存権ともいえる）を尺度に決めるべきであろう。

今、日本の平和憲法を戦争のできる憲法に変えようという流れが強まっているが、現行の憲法はその前文に、「われらの安全と生存を保持しようと決意した」と表明している。私たちが毎日食する肉の安全を求めるのは当然の権利である。しかし、その一方で、世界総人口六四億人の約八分の一が飢餓に苦しんでいる時、食糧の穀物をエサにして生産される肉をお腹いっぱい食べていいのだろうかとも思う。地球に住む一員として、今は、一切の肉を食べるという行為がいかに重く大変なことであるかを考えていきたい。

第一章では、日本の食肉史を私自身の食歴をたどりながら見ていくことにした。日本の食生活の変化が何をもたらしたのかを明らかにしたい。

第二章では、豚、牛、鶏、そして卵と、それぞれの生産現場から食材になるまでを説明しながら、肉の求め方と食べ方を探る。

第三章では、工業化された畜産が抱える飼料と動物医薬品を考えたい。

第四章、五章では、現在問題になっているＢＳＥをはじめ、家畜とヒトが直面するであろう新しい危険をまとめてみた。取材すればするほど、わからなくなるＢＳＥ。ともすればプリオンにふりまわされそうだったが、食するなら灰色のものはやめるべきだという考えでまとめた。

第六章では、新しい方向を考えてみるために、牛トレーサビリティなど、いくつかの動きを述べてみたい。

そして、最終章では実践編として、肉の買い方・見分け方、表示の読み方など、選ぶ目を養うことを基本に考えてみた。食べ合わせで「毒下し」になるような簡単レシピも役立たせていただきたい。

自分たちの食する安全なものは、生産者たちと一緒につくっていく。その農産物を武器にして、危険なものを不買していく方法が私たちの最善の方法であるのかもしれない。

あぶない肉●目次

3 薬づけの食肉とあぶない飼料

5 アメリカの肉は心配ないか？

6 安心への模索

口絵写真撮影・長倉徳生

1

肉食文化への道

日の浅い日本の肉食史

飼育した動物（家畜）を食べられるようになったのは、明治維新頃からだという。今から約一四〇年前だ。江戸時代までは、家畜の肉を食べることは、仏教の戒律などもあり、タブーだったのである。幕末に初めて「牛鍋屋」なるものが登場し、明治時代に普及していく。地域差もあるだろうが、全国的に一般庶民が日常の食卓で肉や牛乳、卵などを自由に口にできるようになったのは、それより一〇〇年ほど遅れ、一九六〇年近くになってからである。

といって家畜がいなかったわけではない。牛や馬は農耕や運搬に使われ、またその糞尿は重要な肥料になっていた。家畜は、食用にするというより耕地面積の少ない日本にとって、欠くことのできない「労働力」であったのである。

その上、仏教精神によって殺生はできない。それを物語るように天武天皇時代（一六七五年）には「殺生禁断令」なるものが出されたと記録されている。肉食の自由をこうして拘束されていた時代に農民は、食用として動物を飼育することなど考えられなかったのであろう。

だが『古語拾遺《こごしゅうい》』（歴史書、斎部広成著、八〇七年）という昔の本の中に、豚、牛、鶏などの話が出てくる。それによると神の使いとして飼育されていたようだ。今でも、地球上には動物を神の使いとしているところがある。

たとえばイラクの「犠牲祭」で羊を神々に供え、その肉を食べあうという儀式もそのひとつである。生命を神々に供え、その生命をいただくといった「祭り」のようなものが日本にも昔あったのだろう。

振り返ってみると、家畜を自由に食べられるようになるまで、長い時間が必要だった。肉を食べるという食文化はこうして生まれた。

飢えとの闘い

神々の時代はともかく、日本の肉食文化がどれくらい浅いものであるかを、私の例でたどってみたい。一九四〇年生まれ、六五歳になる私自身の食歴を大ざっぱに肉関係のみ振り返ってみると、たかだか六五年という短時間だが、そこから今のような肉食文化がいかに急激な速さでやってきたかを知る小さな手がかりになると思う。

私は群馬県の北西部の小さな山村で一〇代まで過ごした。この時期は、国民のすべての暮らしが戦争のために奪われてしまっていた。戦争中は、ほとんどの物資が配給制だった。たとえば、主食の配給量は、戦争の始まった頃には、成人一人一日当たり二合三勺（三三〇グラム）だったものが、敗戦直前頃からには、二合一勺（二九七グラム）で、中身もコメは少なく、雑穀（キミ、アワ、ヒエなど）やイモ類などとかなりひどくなっていた。この量や質を言ったところで、今の人たちには想像もつかないだろう。数えで五歳になっていた私は、この頃の死ぬほどひもじい思いを忘れていない。

田んぼ一枚もない小さな山村の農家だった我が家の食事は、イモ類、アワ、ヒエ、キビ、大麦、そして野草のある時期はそれらを入れたおかゆだった。それでも、三度の食事ができれば上できである。戦争が激しくなってくると、夕食抜きのことも度々あった。そんな翌朝は、声も出ない。もちろん起き上がることもできなかった。小さなジャガイモを一個もらって、祖父に抱き起こされ、やっと「おはようございます」の声が出るありさま。生き延びられたのが不思議だ。集落の私と同じ子供たちは、ちょっとした風邪や腹痛でバタバタ死んでいった。今思うと、病気というより餓死であった。

主食がこんな状況だから、「栄養」だとか「たんぱく質」だとか考えるゆとりなど全くない。まして、肉や牛乳、卵などが食卓にのぼることはまず日本中のどの食卓でもまれであったろう。

戦争が終わっても食べものは増えるどころか、より厳しくなっていった。五歳の私でさえ、腹がへっていつか死んでしまうだろうと思っていた。食べられるものは何でも食べた。野草や木の実があり、動物たちが住む山に暮らしていたから、命をつなげることができたのだろう。

日本の街には家も職もない人たちがあふれ、戦争で家族を失った子供たちがさまよっていた。戦争を知らない人は、「ホームレスか」というかも知れないが、その深刻さは比べられない。豊かに物があふれている現代人にわかってもらうのは無理かもしれない。映像で知るなら、原爆孤児を描いた映画『はだしのゲン』をあげておこう。

当時の『朝日新聞』（一九四五年一一月一八日）に「始まっている『死の行進』 飢餓はすでに全国の街に」という見出しの記事がある。浮浪者の多かった東京・上野駅だけでも、一日平均二・五人（一九四五年一〇月平均）、最高六人の餓死者を出している。大阪市内では、八月から一〇月までの三ヵ月間で一九六人が餓死したことを報じている。

食管法の制定

一九四二年に制定された食糧管理法によって、当時は、コメや麦など主要農産物を、農家の自家用を除いて全量を政府が買い上げることになっていた。日を追って食糧事情は悪化し、コメばかりか「代替供出」といって、くず米や麦は当然、サツマイモの茎葉、桑の葉、ドングリ、ワラビの根などをコメに代わるものとして政府は買い上げていた。たとえば殻付きドングリなら五石四斗（約九七〇キロリットル）でコメ一石と認めるというほど、当時の食糧事情はひどかった。それでも量が集まらず、配給は遅配していった。特に北海道がひどく、餓死者が増えていった。そんな状況が二年も続いた。

遅配や欠配をだまって待っていたら本当に一家心中である。自衛策として空き地に野菜をつくり、農村への買い出しが行なわれた。「買い出し列車」「かつぎ屋」などという言葉が飛びかった。ひどい物不足で激しいインフレ。買い出しは、物々交換が主流だった。焼け残ったわずかな晴れ着を持って食糧と交換。一枚、また一枚と持ち出し、農家に行ってイモやコメと取り換えてもらっていた。こんな暮らしがタケノコの皮を一枚一枚はぐことに似ていることから「タケノコ生活」という言葉が生まれている。

こうした誰もがやっていた買い出しやかつぎ屋は、当然食糧管理法によってやってはいけないことである。ヤミを国家は放っておくわけがない。取締官が列車やバスを停め、ヤミの物資を没収した。

運悪くこの取り締まりにひっかかってしまうと、せっかく苦労して手に入れてきた食糧を失い、その夜から食べるものがなくなってしまう。

当時のことを挙げればきりがないが、一つだけ記録しておくとすれば、「コメよこせ」メーデーのことである。一九四六年五月一日、「働けるだけ食わせろ」をスローガンに、一一年ぶりにメーデーが開かれた。続いて一二日には東京・世田谷区で「コメよこせ区民大会」、一九日には「食糧メーデー」（飯米獲得人民大会）が皇居前広場で開かれた。主催者側報告では二五万人が参加した。「詔書《しょうしょ》　国体はゴジされたぞ　朕《ちん》はタラフク　食ってるぞ　ナンジ人民　飢えて死ね　ギョメイギョジ」と書かれた一本のプラカードが、この時掲げられた。東京地検は三日後にプラカードの製作者を起訴。名誉毀損で有罪判決を受けたが、その後、免訴となった。この「プラカード事件」こそ、当時の人々の食糧事情をよく表わしている。

戦後急激に変化する肉食文化

食糧難は都市住民ばかりではない。プラカード事件が起きているころ、農村では政府が権力を振りかざして食糧を供出させていた。出すものはもう何もないという農家に警察官が行って床まではがして食糧を探したり、子供のためにイモを少しばかり隠しておいた農民を食糧管理法違反だと捕まえていったりということがあちこちでおきていた。また、こうしたことに抗議する運動も激しくなってきた。この強権供出には、政府ばかりか占領軍（ＧＨＱ）も力を貸し、アメリカ陸軍憲兵（ＭＰ）もジープを駆って村をまわった。「ジープ供出」と農民たちは恐ろしがった。

そうした状況下で、GHQの輸入食糧の放出が始まった。小麦粉、食パン、乾パン、端麵（短く折れてしまった乾麵）、肉や魚の缶詰や脱脂粉乳に卵粉などが配給に乗せられた。これまで村の中になかった、聞いたことも見たこともない食べものが「配給」という名のもとに、突然目の前に現れた。人々はとまどいながらも、それらをとりあえず腹に入れていった。

こんなことがあった。集落に割り当てられるさまざまな食糧品をくじ引きで分けていた時のこと。わが家には、大きな缶と石鹸臭い長方形のものが当たった。喜び勇んで持ち帰った祖父は、家族全員の前で缶を開けてびっくり。くすんだ赤色のものがいっぱい入っている。「これは外人の血だから食べてはいけない」と、読むことのできない横文字のラベルを眺めながら、くやしそうにしていた祖父の顔を忘れることができない。これは、後に知るが、ケチャップとマーガリンだったのである。

死ぬほど飢えていた時にアメリカから与えられた初めて見るこれらの食材とその味が、その後の日本の食を大きく変えることになるなど、当時の日本人には思いもよらなかった。今から振り返ると、特にパンにつきものの肉や卵、油類など動物性食材が、日常生活に定着していく第一歩になったといえよう。

日本人の食習慣を確実に洋食化、「アメリカの味」化してしまった大きな原因は、アメリカが強力に進めた学校給食の実施である。

それまでずっと長い間、コメに雑穀、さまざまな野菜と少々の魚が戦前の日本食であった。日本特有のこの食事は、占領軍アメリカの手によって、大きく変えられていくことになる。そのスタートが、パンとミルクを基本にした学校給食だ。学校給食は一九四五年一二月から始まり、四七年一月には全国の都市にまで広がった。きわめて厳しい食糧事情下で学校給食がこの時期に行なわれたのは、アメリカの慈善団体（LA《ラ》LA《ラ》 アジア救済連盟）からの物資の提供があったからである。クリスマスイブの一二月二四日に、東京都麹町区（現千代田区）の永田町国民学校に初めて缶詰などが贈られた。その後、一九五四年六月には、学校給食法が制定された。粉食ミルクを基本にした学校給食が法制化され、子供の食生活はパン食に定着していくことになる。

学校給食一五周年記念会編『学校給食一五年史』を見ると、日本の食糧事情調査のためにやってきたフーバー元アメリカ大統領が日本の子供たちの栄養状態のひどさにびっくりし、占領軍のマッカーサー元帥に学校給食を早くスタートさせるよう進言したといっている。だが、今から見れば、このフーバー元アメリカ大統領の食糧援助の目的は、飢餓救済だけでなく、アメリカに余って困っていた小麦粉を減らし、国際的に市況を保つことであったことがわかる。

その頃、日本の村や町にはパン屋も肉屋もほとんどなかった。肉といえば野生の熊、シカ、イノシシ、タヌキにキツネ、山ウサギ、山ドリ、キジから小さな鳥類、そしてカエルにヘビである。もちろん家畜も飼っていたが、それは食用ではなく、家畜の糞尿や食べ残りを踏みつけてつくってくれる堆肥をとるためと、田畑を耕し、物を運ぶといった労働力としてであった。

私の家には山羊、羊、ウサギに鶏がいた。堆肥をとり、山羊の乳を搾り、ウサギの肉や鶏の卵を貴重な栄養源にしていた。羊は毛を刈って毛糸や布にしていた。ウサギや鶏は自家用で食べるよりも、売って現金にしたり、魚や布地と交換したり、祝い品やお見舞い用にするといった役割を果たしていた。

そして、ほとんどの家畜は死んで初めて食用となった。そんな中でも、正月にはウサギや鶏をつぶし、正月用に（神様に）供え、家族全員でいただいた。

近所には牛がいた。農耕用である。この牛が死んだ時、集落中が集い、分けあって食べた記憶がある。あり合わせの野菜とごちゃごちゃ煮た牛肉鍋の味は、約六〇年たった今でも忘れられない。

家畜は、暮らしの中にしっかりと組み込まれた生命であったといえよう。働けなくなったり、死んで、初めて、肉から皮や毛まで丸ごと家族に残していってくれた。人間が生きていくというのはこうした他の動物や植物の生命をいただいていることだということを、彼らは自らの存在で子供たちに教えていたのだとしみじみ思う。

肉の普及

では、いつから私は肉屋に並んだ豚や牛、鶏肉などに出会うようになったのだろうか。

記憶をひもとくと、あの白黒まだらな乳牛に初めて出会うのは一九五〇年頃であったと思う。村の中にいつの間にか何頭かやってきた。私は乳搾りをもの珍しくながめていた。この牛（ホルスタイン）の肉が売れることを知るのもこの頃である。オスの子牛が食肉用として売られていくのを見て、子供ながらに悲しかったのを覚えている。そもそも、一〇歳になろうとしているのに、お金を払って牛肉を買うということなど、全く理解していなかった。

オス子牛の肉が肉屋で売られているのを見るのは、ずっと後の一九六〇年に近い頃のことである。まして、私自身がしゃぶしゃぶ、すきやき、ステーキと牛肉の味を知るのは、一九六〇年代も終わりになり、自活できてからだ。

豚や鶏の肉を買うのは、牛肉より少し早かった。豚肉との出会いは一九五六年。食べたのは、その年の一二月である。

「豚肉って甘い。小間切れを五〇円思いきって求めた。カレーにして食べる。生まれてはじめてのこと」

よほど豚肉に感動したのだろう。当時、家から離れ、高校へ通うために自炊生活だった一六歳の私は日記にこう書いている。小間切れ五〇円が何グラムで、高いのか安いのかわからない。ラーメン一杯四〇円、岩波文庫の一番薄いもの（星一つ）が四〇円の時代だ。

群馬県藤岡市。小さな町にある高校へ通う道に豚舎がいくつもあった。鼻をフスマだらけにして、ブーブー鳴いている豚に毎日会いながら通学していた。ミルクプラントもあって、小さな広場にホルスタインが放されていた。この町には、銀行、役所、バス会社、そして商店街もあって、その裏側に牛や豚が住んでいた。当時の地方都市では、地域の中に農業も商業もみんな一緒に生きていた。でも、今ほど家畜舎の臭いはなかった気がする。とにかく豊かだった。

この風景は、高校卒業後一九八五年に行ったら、全く失われていた。建ち並ぶコンクリートの建物に飲み込まれてしまったのか、そこに牛や豚が飼育され、肉屋があったなど想像もできないようになっていた。新しい街並みには華やかなスーパーが核をなすように居座り、その中にはさまざまな肉が美しく並べられていた。

学校給食と食生活の変化

一九六〇年代以降の日本人の食生活の変化にはすさまじいものがある。それまで野菜や魚中心だった食卓に、とんかつ、フライドチキン、すきやき、ハンバークにミートソースなどが並び始め、あっという間に欧米並みの食肉中心の食卓へと変化を遂げてしまったのである。

学校給食に代表されるアメリカの日本への食糧援助の目的は〝平和のための食糧〟という名の日本の味・日本の食べものへの侵略であった。一九六四年にマクガバン上院議員（当時）が「アメリカがスポンサーになった日本の学校給食でアメリカのミルクやパン好きになった子供たちが、後日、日本をアメリカ農産物の最大の買い手にした」といったことは有名な話である。

一九五四年六月五日に公布、施行された学校給食法には、小麦についての規定はあるが、コメについては何もない。米食から粉食へという狙いがうかがえる。当時、コメ事情がきびしかったのはわかるが、やっぱり、粉食（アメリカ小麦粉）を考えたとしか思えない。

一九五一年六月末にはアメリカの小麦粉援助は打ち切られた。当然、アメリカから小麦粉を輸入することになり、国産小麦は消されていく運命になっていった。コメ以前の日本食はイモと麦。その麦に対して政府は見て見ぬふりをするだけだった。日米安保条約の当時は、コメ偏重こそ栄養の悪さの元凶だといったような空気が強かった。林髞（慶応大学生理学教授・推理小説家）の『頭のよくなる本』

（光文社、一九六〇年）には、ビタミンB群の少ない白米を食べていると頭脳の働きが伸びないということが述べられ、この本はベストセラーになった。栄養関係者や学者も国も、こぞって粉食運動推進を奨めた。にもかかわらず、一方では、国内の小麦生産行政は放っておかれ、その結果、小麦粉のほとんどがアメリカとカナダからの輸入になってしまった。

コメや麦と切り離せなかった魚にも大きな変化が出ていた。魚食が減っていった経緯を簡単に書くわけにはいかないが、典型的なものを一つあげるなら、あの赤い魚肉ソーセージ（真っ赤なセロハンにつつまれ、大きく⑭と印刷されていた二〇センチ弱のソーセージ）だろう。団塊の世代以上の方は、みんな懐かしい思い出がある。それまで魚といえば、鮮魚、干物、練り物だったが、この魚肉ソーセージは、戦争が終わった新しい日本に洋風化、アメリカ食化を示す刺激的な色をもたらした。輸入小麦パンや牛乳にも似合った。生産量のピークは一九六五年で一八万八〇〇〇トンに達したが、やがて、魚肉ハム・ソーセージは、畜産物に消されていくことになる（最近、珍しさで少しだけ売りに出されている）。

農業面から見ると、食の大きな変化は、選択的拡大生産を目差した農業基本法の制定（一九六〇年）になる。それまで日本の農民は、コメや麦、雑穀といった食糧作物から、コウゾ、竹、漆、蚕、紅花など工芸作物にいたるまで、多様な農作物を栽培していた。農業基本法は、簡単にいうと、多様な農作物をやめ換金農産物を拡大していくといった政策である。その結果、畜産・果樹が重点になり、雑穀、麦、工芸作物などは消えていく結果になってしまった。

なぜ、このような方向を取ったのか。それは、安保条約の経済条項（第二条）で貿易為替の自由化が国策として強化され、農産物の輸入も急激に促進されたからだ。こうして日本農業は、経済の国際化と自由化にがっちりと組みこまれていってしまったのだ。

敗戦日本のたんぱく源であり、洋食化への案内役的にもなっていた魚肉ソーセージも、日本農業の重点政策であった畜産の台頭によって、主役の座を譲らざるを得なかった。そして、その魚肉ソーセージを食いつぶした日本農民の畜産物は、今や輸入畜産物に呑み込まれようとしている。

私の食の六〇年を振り返ると、今の日本の食がかかえる不安と危険な生活は、敗戦そして日米安保条約とアメリカとの関係の中でつくり上げられてきたことがよくわかる。そして今また、食は新しい時代にいやおうなく組み込まれはじめている。それは、アメリカとの関係の中で、「食」が大きな武器に使われはじめていることでもある。

気がついたら、いつのまにか、食事を外食、中食（できあいの惣菜や持ち帰り弁当など）、内食と分け、家庭で食するのは内食で、他はすべて外で食べるという食習慣があたりまえになっていた。調理場は家庭から企業へと移ってしまっている。私たちは、少なくとも、自分の生命を維持する食が、いったいどこからきて、どのように私たちの食卓へ登場し、胃袋に入ってくるのかを知っておく必要があるだろう。

2

肉になるまで

●豚肉

内臓は人間似

豚の祖先はイノシシである。イノシシの肉を食べたことがありますか。観光地などで初めて食した人から、甘くて大変おいしいと聞くことが多い。雑食性で多産ときているから、これが肉になったら経済的である。今では、イノシシを肥育しているところもあるほどだ。

「なんとかイノシシを飼って、狩りに行かなくとも、好きな時に食べられないだろうか」誰がそう思ったかわからないが、人間はイノシシを次々と改良していって、ついに豚をつくりだした。豚が誕生するまでには、多くの時間がかかったことだろうが、イノシシのいいとこどりをした豚の肉は、味や値段面から見て、最も大衆的な肉だ。

豚は栗の実やどんぐりなど硬い木の実から大豆や穀類、そして根菜類を好む雑食性動物である。人間ととても近いものを食べるので、たぶん肉も人間の食味にあっているのだろう。だが、肉以外には皮が使われるぐらいであまり利用するところが多くない家畜でもある。

それに比べて牛や羊、山羊は草食性でエサのことは面倒ではないし、肉、毛や皮、乳、そして労力としていろいろと利用できるから、豚よりも牛や羊、山羊のほうが評価されていた。

不思議なことに豚は外見が人と全く違うが、内臓は人と形態的、生理的に似ているところが多い。その証拠に、昔からさまざまな豚の臓器を人間の体の一部に使おうと試みられてきている。最近の話では、人間の遺伝子を組み込んだクローン豚をつくり、拒絶反応をしないようにしてその豚の臓器を移植すれば「拒絶反応」という難題を解決できると、移植用臓器を生産しようという研究がされている。それくらい、豚と人間の体の中は似ているということらしい。

その大きな理由は人間も豚も雑食性だからだ。人間と違うのは、豚は食物の範囲がとても広いということだ。たとえば人間の排泄物でも食べさせれば食べてしまう。要するになんでも食べてしまう。だから豚はきたないと思われがちだが、本来とてもきれい好きな性格だ。自分できちんと豚舎にトイレをつくり、糞や尿をきまった場所にするほどだ。よく体に泥をつけていて、見るからにきたないと思われがちだが、それにもわけがある。体温調節機能が十分発達していない豚は、人間のように汗をかいて体温をコントロールできない。そこで夏の暑い時などは泥あびをして体温を下げるのだ。

豚の妊娠期間は約一一四日と短く、その上、一度に一〇匹もの子豚を産む。うまくすると年二回も出産し、二〇匹も子豚を飼育するわけだから、肉を生産するために生まれてきたような動物だったわけである。大きな母豚がでんと寝そべり、たくさんの子豚が一列に並んで一生懸命におっぱいを吸っているのは、ほっとする光景だ。まさに、肝っ玉かあさんといいたくなるほどたくましい。

豚といえば、目の小ささと、あの大きな鼻を思い出す。この小さな目にも特徴がある。他の哺乳類と違って、夜、光に当たっても緑色に光らない。鼻は大きいだけに嗅覚が発達している。そして、豚の先祖がイノシシである証拠に、豚のオスの犬歯は放っておけば牙になる。しかし残念ながら誕生後すぐ切除するので見られない。いろいろ研究すると、豚はほんとうにおもしろい動物だ。是非、どこかで豚に会っていただきたい。

豚はどうやって太るのか

豚は一度に何匹も産むので、同じ腹の子であっても子豚の体重はばらばら。二キロから一キロ未満とその差も大きい。平均一キロ前後である。子豚は意外に小さい。たくさん子豚を生むので、母豚が授乳中にうっかりして体位を変えて自分の体重で子豚を圧死させてしまうことがよくある。だから農民はこの時期そばについていて、子豚が一人立ちするまでとても気を使う。

生後一週間もたつと、子豚は母豚のたくさんある乳房の中に自分専用のおっぱいを確保していく。これを「乳つき順位」という。これが決まらずウロウロして、いつも乳不足になっている子豚もいる。性格かもしれない。授乳は一日に二三〜二四回とおどろくほど多い。母豚の乳の出が一回わずか一〇秒から二〇秒と短いせいなのだろう。人間が考えると、こんなに授乳回数が多くては落ち着かないが、子豚も母豚も授乳と吸乳のタイミングがとてもいい。これも本能なのだろう。

乳離れする頃には、約一〇キロに育っている。品種や飼育の仕方、固体の違いでさまざまだが、乳離れするまで二〇日前後かかる。「この間はとても大切な時期である。丈夫でいい肉をつくるには、母豚も子豚もこの二〇日前後を丁寧に扱わなければいけない」と、いい肉をつくる養豚家は口をそろえる。人間の子供と同様、この時期は、その後の体の性質をつくる基礎工事の時だからである。

豚は肉を提供するために生まれてきたような動物だから、その成長はすさまじく速い。たとえば、生まれた時点の体重が二倍になる日数を他の動物と比べると、豚は最も速くて一四日。牛は四七日で、人は一八〇日である（『動物資源利用学——乳・肉・卵の科学』）。それは、豚の母乳が他の動物のものより脂肪やたんぱく質が多く、濃い乳であるということでもある。

もちろん、肉をとる豚の成長速度は遺伝的な要因によって決まる。だから、いい肉をつくりだす豚を開発しようと、品種改良の研究が盛んに行なわれている。しかし、遺伝的要因だけではうまくいかない。やはり、いい肉をつくるには栄養の問題、エサが大きく左右する。そこで効率のいい飼料研究も進んできている。

豚はその役割によって、子取り用のメス豚（繁殖豚という）と種豚といわれるオス豚、そして肉豚（肥育豚）に分けられる。買ってきた子豚を育てて売っている農家もあるが、肥育豚を肉豚として売って経営を成り立たせているところが多い。最近は、一貫経営といって、自分の家で子豚を生ませて育てる農家も目立ってきている。

世界に一〇億頭の豚

地球上には約一〇億頭の豚がいるといわれている（二〇〇〇年）。日本にいる豚は約九八〇万頭。そのうち子取り用メス豚は九三万頭で、種オス豚は七万頭。残りの約八二〇万頭は肥育豚として、肉になる。もちろん、種オス豚も子取り用メス豚も、繁殖が終われば肉として食べられていく。

どの豚でも肥育豚ならいい肉をつくるかといったら、そうはいかない。ただ肥っていくだけでは、脂肪ばかりついておいしい肉にはならないからだ。いかに上手に豚を肥らせるかという養豚家の研究と努力は並たいていのものではない。彼らは、肥りやすさや脂肪と筋肉のバランスなど、さまざまな品種の豚の性質を考え、交配して、いい母豚をつくる。そして、その母豚の性質にあった飼い方をしていい子豚を産ませ、その豚の個体を見ながら、エサの質や与え方を考え、適切な飼育管理をしていって、いい肉をつくるのである。

豚が育っていく環境も大きく左右する。狭いところに多く飼育したり、工場のように人工的な豚舎だと、当然、肉質も変化してくるといわれる。豚はとてもデリケートな動物で、狭いところで飼ったりすると、ストレスがたまって肉質にも影響する。

豚のエサ

子豚の乳離れは昔と比べて早くなった。養豚家によって離乳時期は多少ちがうが、だいたい二〇日前後である。少し前までは、一ヵ月ほどかかった。離乳時期が早くなったのは、「人工乳」が開発されたためである。離乳が近くなると「代用乳」と呼ばれるお乳を与えることになる。これは脱脂粉乳など、母豚のお乳に近い乳成分を主原料にしたものを、お湯に溶いて飲ませる。

そして、二ヵ月頃から徐々に顆粒や粉状、ペレットの形にしたものを与えていく。これを、液状ではないのに、人工乳と呼んでいる。中身は、トウモロコシ、小麦のフスマや大豆かす、魚粉や動物性油脂などである。これはおとなの豚の飼料に近づけていく子豚育成配合飼料で、人間の離乳食のような役割をする。

人工乳にビタミンやアミノ酸類、抗生物質から合成抗菌剤なども加えられることも多い。これらのエサは、養豚家によってブレンドされるところもあるが、多くは飼料会社の商品を与えている。

こうして、一人前に育って、いよいよ肉豚として出荷できるようになると、最後の仕上げの飼料へと変えていく。この時期が大切である。せっかく育ててきたのに、ここでうまく飼料を配合しないと、体脂肪がいっぱいついてしまい、脂ばかりでおいしい肉に仕上がらない。与える飼料の成分配合で、肉質が大きく変わってしまうのである。一般的には、成長期にはたんぱく質を多く与え、肥育期には穀類などを多くして低栄養に移していく。こうすることで、体脂肪を抑えられるばかりか、高栄養でないため、エサ代も安く、経済的に仕上がるのである。

そして、いよいよ一一〇キロぐらいで出荷。おおよそ生まれてから一六〇日である。もちろん、出荷間際には、病気予防などのために使われる抗生物質や抗菌性物質を飼料に添加してはいけない。肉に残ってしまうからだ

しかし豚は一一〇キロで太ることをやめるわけではない。子供をとる繁殖豚は、二〇〇〜三四〇キロにもなっているのが普通だ。どうして肉豚は一一〇キロ以上にしないのかというと、これを越えると脂がつき過ぎ、肉も硬くなって、飼料を食べる割にはいい肉ができないからだ。こうして、飼育農場と別れ、豚から肉になるために、屠畜場へと行く。

豚から肉へ

健康な豚を勝手に殺しても、それは肉として売ることができない。正規のルールにより屠畜場で処理されて初めて商品としての肉になる。屠畜場に入れられた豚は、まず生きているうちに病気はないか、どこかおかしくないかなど検査を受けたあと、屠畜される。

昔は頭を殴打して屠畜したこともあるが、この方法はベテランでないととても難しい。豚の脳は二つの骨板で保護されているためである。今では、CO2麻酔法か一〇〇ボルトほどの電流を流す電撃方式で豚を失神させて吊り上げ、心臓近くの大動脈を刺して、血を出してから解体する。解体の順序は、頭部除去、皮を剝ぎ、四本の足を除去、内臓を摘出、背割りにし、半丸に分割、整形して洗浄で終わる。

屠畜された豚は、当然死後硬直が起きる。体温はどんどん下がり、それにつれて肉内のさまざまな物質が変化しはじめる。この時、健康な家畜ならば、肉は弱酸性で硬直してくる。ここから〇～四度の冷蔵庫室温で熟成を進めて初めてやわらかくて風味のある食肉に仕上がるわけである。この熟成期間は、豚肉なら四日から七日が最もおいしい。その頃に消費者の口に入るかどうか。流通が肉の味を左右するといわれる理由である。

一頭の豚がどのように食肉として分けられるのか紹介しよう（**図表1**参照）。

まず、私たちが肉といっているのは「枝肉《えだにく》」のことである。屠体から頭、四肢端、尻尾、皮膚、内

図表１　豚肉が消費者に届くまで

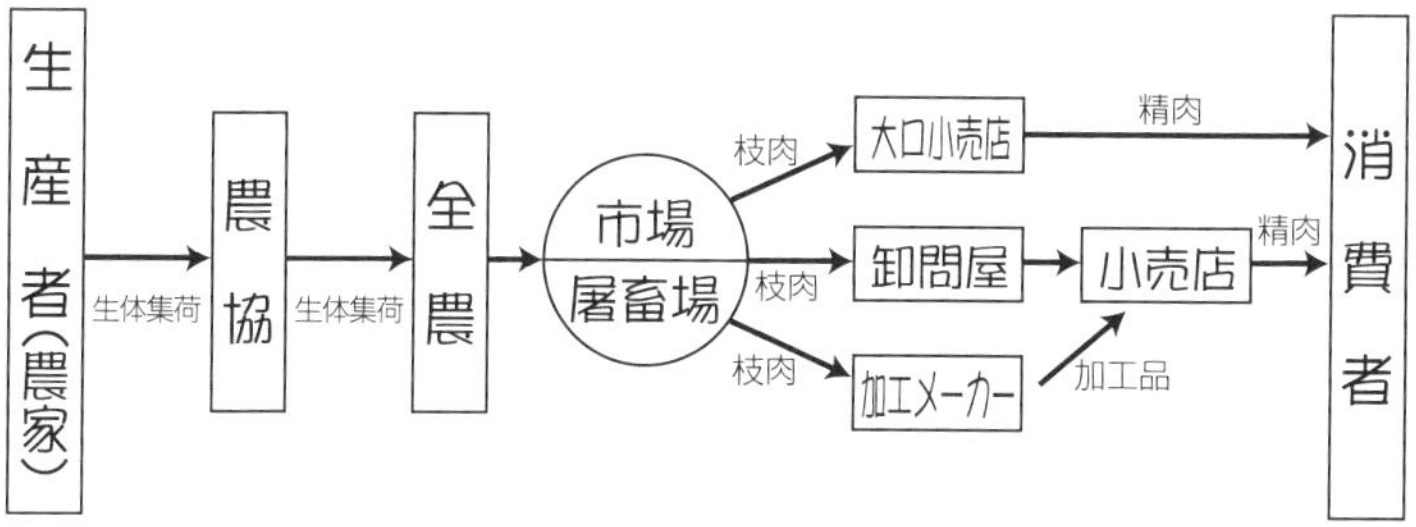

臓を除いた残りを枝肉という。枝肉の評価には「食肉格付規格」という決まりがあって、①脂肪の入り方、②肉の光沢、③肉のきめ、④脂肪の色と質、の四項目で検査され、それをもとに五段階評価をする。

しかし、小売店では「枝肉」という商品はない。ここでは「食肉小売品質基準」に従って食肉部位を表示しなければならないことになっている。豚肉は、肩、肩ロース、ロース、ヒレ、バラ、モモ、外モモの七つの部位に分けられる（一九九ページ**図表11**）。ただし、小間切れとひき肉は、部位表示をしなくてもよい。

内臓も焼肉屋や肉屋で呼び方が統一されている。心臓をハツ、腎臓はマメ、肝臓をレバーと呼び、小腸はヒモ、大腸はダイチョウ。舌はタンで、足はトンソク、子宮がコブクロ。その他の部分は、骨、血液、蹄角なども入れて、業界用語では「副生物」という名でひとまとめにしている。「副生物」は食用だけでなく、医療、工業、農業用にも使われている。

養豚農家は一万戸を切った

現在の豚肉は、豚が人間の残飯を食べ、ゆったりと飼育されていた時代の豚肉とは大ちがいだ。エサの圧倒的多くを輸入飼料に依存し、しかも飼料会社がそれを配合する。つまり、農民の手から離れてしまったエサを与えることになっている。

今、多くの豚は狭い空間に詰めこまれて飼われている。こうした多頭密集飼育、濃厚飼料（穀物や大豆かすなど）飼育、医薬品に頼る飼育は、近代的な「豚工場」といえるほど工業化されている。さらに輸入自由化で、外国で生産された豚肉がどんどん入ってきて、豚肉になるまでの道は遠く、全く見えなくなってしまった。いいかえれば、私たちの購入する豚肉は、恐ろしく不安な真っ暗闇の中で生まれてきている。そして、日本の養豚家の姿も見えなくなっている。

二〇〇一年の国内の豚肉生産量は一二三万二〇〇〇トン。輸入量は一〇三万四〇〇〇トンと、豚肉の需要量の四割強を占める。六割弱の国内産豚肉を生産しているのは一万戸だった。そして二年後の二〇〇三年には、ついに一万戸を切って九七八〇戸になってしまった。

その規模内容も一〇頭以下の小さい養豚農家はどんどん消えていっている。五年前には一〇頭以下の養豚農家は全体の三%あったのに、今は二%。全体の約四割が五〇〇頭以上を飼育している。養豚農家は、全体的に安い輸入肉に押されてどんどんやめざるを得なくなっているためだ。規模を大きく

図表2　豚肉の需給動向

年	1980	1985	1990	1995	1997	1999	2004（概算値）
需要量（1000トン）①	1,646	1,813	2,066	2,095	2,083	2,189	2,443
国内生産量（1000トン）②	1,430	1,559	1,536	1,299	1,288	1,275	1,263
輸入量（1000トン）	207	272	488	772	755	963	1,268
自給率（%）②／①	87	86	74	62	62	58	52
1人1年当たりの消費量（kg）	9.6	10.3	11.5	11.4	11.3	10.7	12.1

資料：農林水産省「食料需給表」
注：枝肉（骨付肉）の換算値

したためやめるにやめられない農家や、五〇〇頭以上でなければやっていけないほど工業化した養豚業だけが、生き残っている。

屠畜場で働く人たちにいろいろ教えてもらおうと何度も足を運んだが、なかなか見せてもらえない。写真などとても無理な話だ。それでも、名前は出さなければと、話はしてくれた。

「処理すれば血は出る。確かに豚は生きている。でも、これが俺らの栄養にする食肉なのかって思うことが多い」

ポリープや潰瘍で内臓がボロボロになっている豚、内臓に脂肪がつきすぎている豚、くすんだ黄色い脂肪が肉に入っている豚、筋肉が水っぽくフニャフニャしている豚。

不健康な豚に出会い、「自分のストレスと重ねてしまうこともある」という。

日本のストレス豚の状態から考えても、少なくとも日本のものより大規模飼育をしている輸入豚が、ストレスで薬づけになっていることは容易に想像つく。また、遠方から来るので肉質も落ちているはずだ。

「輸入ものだからというより、自分で納得いかない肉をお客さんに売るわけにはいかない」昔からの街の肉屋さんは、どこで聞いても、自分の目で肉を仕入れていると強くいう。

しかし、養豚家のほうは、安い輸入肉に勝つためには、年々規模を大きくして、できるだけエサ代を減らし、短期間に肥らせて肉にするといった経済効率を重視する豚飼いにならざるを得ない。

狭いところに豚を押し込んで飼うので、不健康な豚になりがちだ。そこで、病気を防いだり、治療したり、また早くうまく肥えるためにと、さまざまな医薬品を与えることになる。もちろん、法律で定められた医薬品を獣医の指導で与えることになっているが、それでも、こうした化学物質が肉に残っていないか心配される。

また、輸入飼料に残っていた農薬や遺伝子組み換えの大豆などのエサの問題はどうなのか。たとえば、一九九七年に当時の厚生省が行なった食肉中のダイオキシン類の検査結果がある。国産肉も輸入肉も大差はないが、どちらの肉からもダイオキシンが検出された。ダイオキシンの九八％は食事から入ってくるといわれているだけに、とても気になる。飼育の仕方を見ることも、消費者が安全な肉を求めるための重要なポイントであろう。

●牛肉

労働力から食肉へ

牛はウシ科、ウシ属である。野牛や水牛も牛の仲間なので、かなり広い国々に住んでいて、哺乳動物の中では繁栄している動物といえよう。

牛が家畜になったのは、新石器時代（約一万年前）のことだといわれている。イラクの遺跡から家畜牛の骨が発見されたことから、牛と人間の付き合いは新石器時代からというのが定説である。ということは、どうやら犬に次いで古い家畜ということになる。人間がどうやって牛を家畜に仕立てていったのか、想像してみて下さい。楽しくなりませんか。

たぶん、人間は野生の子牛をつかまえ、飼いならして農耕を手伝ってもらったのだろう。肉にするより先に、仲間として手なずけられた気がする。また、今でも世界中で神への供物として動物を使っているが、子牛を神へのいけにえにしたのかもしれない。神に捧げたものをありがたく分けていただいたことから、やがて「労働力」としての牛は、乳や肉となっていったのだろうか。

日本ではいつごろから牛と人間は共存したのだろうか。平安時代の『古語拾遺』（前出）には、大国主命《おおくにぬしのみこと》が農夫たちに牛肉を食べさせたと書いてある。大国主命といえば出雲神話では古代日本の国土開発を行なった人物だから、古代日本の時代ではすでに牛を家畜として飼っていたのだ。だが、一般的には、日本で牛肉を食するようになったのはずっと後で、先にも述べたが明治時代からといわれている。

減り続ける牛飼い

日本でBSE（牛海綿状脳症）が発生し、安全といわれていたアメリカ牛もBSE発生で輸入禁止となった。しかし、国の食品安全委員会プリオン専門調査会の答申案では、アメリカの汚染度（生体牛リスク）は日本と比べて「悲観的には一〇倍程度高い可能性がある」と指摘されていたにもかかわらず、アメリカの圧力によって輸入が再開された。政治に翻弄される私たち消費者は牛肉についてあまりにも無知なのではないだろうか。

「安全な肉の見分け方は？」

「全頭検査って？」

「オーストラリア牛肉とアメリカ牛肉はどうちがうの？」

わからないことばかりだ。まず、基礎的なことから学んでいこう。

牛は、乳専用の牛（酪農乳牛）と肉専用の牛（肉用牛）の二つに分けられる。ここでは、肉をテーマにしているので、肉用牛について見てみよう。

日本の肉用牛は二七八万八〇〇〇頭。この中には、肉専用の牛（和牛という）が一七〇万八〇〇〇

図表3　輸入牛肉の国別割合（2003年）

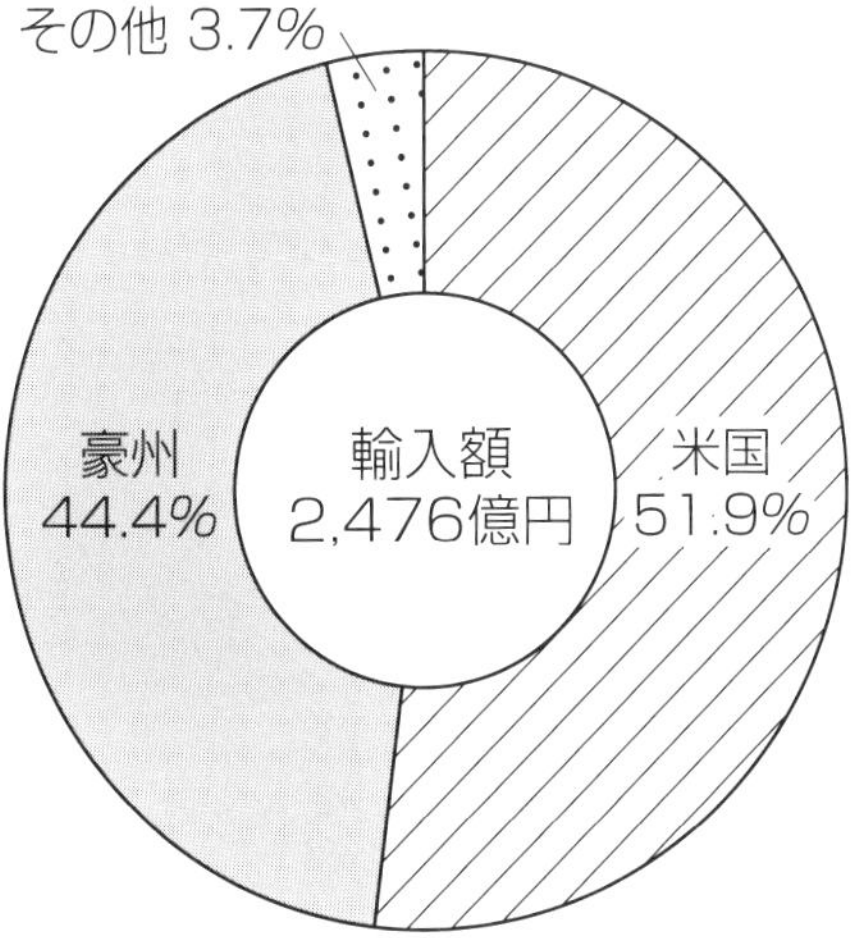

頭。乳用種のオスや乳用を卒業したメス牛などが食肉にまわるものとして一〇八万頭ぐらいいる（二〇〇四年農水省畜産統計調査）。

日本全体で牛は約四四七万八〇〇〇頭飼われている。飼養農家数は、肉用牛で九万三九〇〇戸、乳用牛は約二万八八〇〇戸。安い輸入肉の増加やBSEのことで経営が成り立たなくなって、この一年間で乳用牛農家と肉用牛農家を合わせて五二〇〇戸が廃業してしまった。

全頭検査やトレーサビリティ制度（一四八ページ参照）の確立によって、やっと息を吹きかえしてきた牛農家を打ちのめしたのが、アメリカからの牛肉輸入再開だ。黙っていたら日本の牛飼いはいなくなってしまうかもしれない。

アメリカ牛肉の輸入が禁止されるまでは、日本の牛肉輸入量（調整品）は約四八万二〇〇トン（二〇〇三年）で、輸入先はアメリカ約三九万五〇〇〇トン、オーストラリア三三万六〇〇〇トンと、ほぼこの二ヵ国に集中していた（図表3参照）。アメリカでＢＳＥが発生し、「アメリカ牛は安全」という神話のベールが剝がされたかに見えたが、今また政治によって、アメリカ牛の危険は「安全」に塗りかえられようとしている。

今から五四年前（一九五〇年）の農水省の統計を見つけて驚いた。戦争に敗れてまもない頃、日本全国で牛は二一〇万頭も飼育されていた。もちろん、この時の牛は田畑を耕したり、物を運んだりする役用牛《えきようぎゅう》がほとんどだった（一九三万頭）。牛乳や肉のための牛は、わずかに一七万頭だけ。しかも、一七万頭のほとんどが乳用だったと想像できる。それでも人間は困らなかったのだ。

肉食文化への移行

今、日本人は一人当たり年間約一〇キロの牛肉を食べている。それはアメリカ人の四分の一だが、五年前は五分の一だった。とにかく、この半世紀の日本人の肉食文化への移行は急激だった。逆にアメリカ人は肉離れをしているという。つまり、アメリカは肉余りなので日本に輸出、日本人が肉食へひっぱられたという図式である。

こんな状況になったのはいつからなのか。一九九一年に牛肉の貿易自由化が始まると、アメリカからの牛肉は嵐のように日本に押し寄せ、日本の牛飼いたちは次々と消えていった。

その頃、世界の牛の中に激しい異変が起きていた。ＢＳＥ問題の発生である。しかし、世界中で人間の生存をかけて、ＢＳＥ研究、予防に力がそそがれている時、日本はとても静かだった。「アメリカ牛とオーストラリア牛は大丈夫」と日本は輸入し続けていたのだ。アメリカでBSEが発生するまで、私たちは自分が食べている牛肉の六割がアメリカとオーストラリアからの輸入肉であったことなど気にも留めなかった。

そして、いつのまにか、もはやアメリカ産牛肉なしには牛丼が存在できないほど、アメリカ牛肉が私たちの胃袋を占拠していた。アメリカでのBSE発生とアメリカ牛肉の輸入禁止は、日本人に自分の胃袋の中をのぞかせ、どのような中身にしなければいけないのかをつきつけてくれたともいえる。

肉専用種は四種類だけ

日本産の牛肉はおいしいが、高くて手が出ないといわれる。しかし、私たちは日本の牛肉をあまり知らないで、そう決めつけていないだろうか。

日本の牛肉は、肉用牛の「和牛」と乳用牛の「国産牛」に大きく分けられる。

「和牛」の中の肉専用種は黒毛和種が主流である。その他、日本短角種、無角和種、褐色和種の三種類だけが、肉専用の牛となる。黒毛和種は、真っ黒な毛でとても美しい。昔から日本中にいた日本在来牛をヨーロッパやスイスなどのすぐれた牛と交配し改良を重ねてきたものだ。昔は、役用牛としても使い、役に立たなくなったら肉にしていた。今では、肉専用なので、肉が多くとれるように体格も大きく改良されている。脂肪が霜が降ったように肉に入り、味を良くしている。これを「霜降り肉」といい、それを多く生産することで、世界中で注目される牛である。日本人が「うまい肉、高級肉」という時には「霜降り肉」を指すほどだ。甘くてとろけるようなおいしい味である。

日本短角種は濃い褐色の牛で、青森、岩手、秋田、北海道の一部にしかいない貴重な牛である。在来牛の南部牛とショートホーン種の交雑から生まれた牛で、肉は黒毛和種より霜降りが少ないが、大きくて山に放牧できる特徴があって、添加物入りの濃厚飼料を与えなくてもなんとか飼育できるといった利点がある。

無角和種は、山口地方にだけいる。在来種の黒毛和種にアンガス種を交雑した牛だ。これも、雑草なども食べて、濃厚飼料でなければいけないような牛から見ると、エサに対する不安は少ない。しかし、肉質は黒毛和種と比べるとあまり良くない（霜降りが少ない）。現在この牛は少なくなっているが、安全なエサで飼えるということで見直されはじめている。

褐色和種。こちらは熊本、高知県で多く飼育されている。金色に輝くような美しい大型の牛で、隣の国韓国の在来種とデボンなど外国種との交配でつくられた。

昔はこうした在来種が地方地方にいて、交配を繰り返して雑種をつくりあげてきた。肉屋で「○○牛」と表示されているものの中には、こうした雑種の肉牛が多く、値段が比較的安い割には、いい肉を見つけることができる。

近頃は、「安全」を売りにして在来種を改良した「○○牛」のブランド化を奨める県やＪＡが急激に増えている。その一方、「○○牛」の偽表示も社会問題になっている。しっかりした情報を得る力が必要だ。

「和牛」と「国産牛」は大ちがい

牛肉は他の豚や鶏肉より、買う時に悩むことが多い。値段がはることもそうだが、「国産」か「輸入もの」かといったことだけですまないからだ。「○○牛」があふれる中で迷ってしまう。昔から、日本の牛肉の評価は「霜降り」とよばれる赤い肉の中に美しく入った白い脂肪の表情で決まってきた。飼料の質と飼料の与え方を長年研究し続けている牛飼いたちによってつくりだされた、脂肪と赤身のバランスのとれた芸術品である。一度、牛肉店に行って一切れ何千円の牛肉（国産）を見ておくといい。バランスよく赤い肉に入った脂身の美しさに見とれるだろう。本物のいい肉の尺度を目から身につけることだ。

しかし、牛肉が大衆化される中で、「霜降り」ばかりで評価しなくても、といった言葉も出てくるようになり、どうやら牛肉も大衆化しはじめたといえそうだ。逆に、霜降りではない方が脂肪が少なくて体にいい場合もある。

神戸牛、米沢牛、松阪牛など地名がついている牛肉は、「和牛」といわれるもので、大部分が品種でいうと黒毛和種である。ただし、表示が正しければのことではあるが。最近は地名のついた牛肉が目立つ。BSE発生以来の「安全牛肉ブーム」で、こうしたブランド牛肉が増えてきた。

地名は、牛の育てられたところではなく、肥育期にいた場所のことが多い。それは、牛肉の良し悪しは最後の飼育の仕方で決まるほど、肥育期の場所が重要だからなのである。だから、松阪牛、神戸牛といっても、子牛から松阪で育てられているとは限らない。

ホルスタインなどの乳用種の老齢牛か乳用牛の雄牛を去勢し肥育したものと、乳用種と黒毛和種を交配した牛を「国産牛」という。つまり、生まれながら肉用ではなくて、乳用になるはずの牛を人間の都合で肉用に仕立てた牛の肉ということである。肉質は、和牛とちがい霜降りがとても少なく、脂肪も少ない。だから値段も安い。好みの問題で脂肪が少なくてもおいしいということにもなる。

外見では、乳用の牛を肉用に育てている牛と、もともとの肉用の牛は区別がすぐつく。ホルスタイン（乳用）はあの白と黒の模様で、肉用は茶や黒や灰色などの一色だからだ。わかりにくいのは、乳用種と黒毛和種を交雑させて毛が黒くなっている牛である。こんな牛の肉に「黒毛牛」なんて表示されていることがよくある。

枝肉になってから、乳用牛から肉になったものと、もともと肉牛だった「和牛」からの肉を見分けるのは、素人には困難である。もっと困るのは、輸入牛でも三ヵ月日本に存在して屠畜されれば、「国産牛」となるということだ。

七割近い輸入牛肉

アメリカでＢＳＥが発生してから、私たちは初めて「えっ⁉　牛丼もアメリカ牛だったの」「お弁当屋の牛弁当もアメリカ牛か」と意識した。知らないうちに私たちはずっと外国牛を食べてきたのである。

私たちが出会う輸入肉は、解体して冷凍・冷蔵で日本に入ってくる。それを日本で処理する。ほとんどがスライスされ、パックづめになる。だから輸入ものが国産ものに化けてしまうことがよくあり、わかりにくかった。やっと二〇〇〇年に生産国表示をするようになり、表示を信じれば、アメリカ産であることはわかる。だが、アメリカの牛は、どんなエサを食べ、どう飼育されてきたのか、その過程は深い闇に包まれている。その闇の中で何が起きているのか知ることはとても困難だ。闇のあるものはやめた方がいい。

輸入牛肉の牛は、ヘレフォード種、アバディーン・アンガス種、ショートホーン種の肉用種といろいろな牛を交雑した雑種である。日本種の肉用種とは、本来、品種も育て方もちがうので、肉質もちがってくる。だが、二〇〇四年アメリカのBSE発生による輸入禁止で、牛丼が日本から消えるということが社会問題になってしまうほど、アメリカ牛の味は日本に定着してしまった。アメリカ牛が日本の味に近づいたのか。それとも私たちの舌がアメリカの味になってしまったのか。ともかく、輸入牛肉は日本牛肉の味に近づいてきていた。

「アメリカ産・和牛肉」と表示された美しい霜降り肉を東京の大手量販店で見つけた時、私は複雑な気持ちになった。

どうやってこの「霜降り」はつくられたのだろう。ふと頭をよぎったのは、イクラを美しい赤色にするため色をつけている風景だった。もしかしたら脂肪を注射針で入れたのだろうか、なんて悪い想像をしてしまった。

肉の中に脂肪を注入したり、脂肪や赤身肉をうまく張り合わせて成型した肉のあることを、食肉業者から聞いたことがある。その現場を見たくていろいろ努力したが、ついに見せてもらえなかった。

外国牛で、優れた肉用種として品種改良の元になっているのは、大きく分けて四種類ある。

①ヘレフォード種。イギリス・ヘレフォード州が原産地のため、この名がついている。無角で大型。赤褐色や黒い毛色。日本の黒毛とちがって、顔、胸、腹に白い部分がある。この種の血が入っていると、必ず同じところが白くなる。放牧に優れている。

②アバディーン・アンガス種。原産地はスコットランドのアバディーン・アンガス地方。毛の色は黒。無角。肉に脂肪が入りやすい品種なので、日本でも無角和種をつくり出す時に助けられている。

③ショートホーン種。北東イギリスが原産。毛の色は赤、白、部分的に白い毛が入ったものなど。日本では日本短角種の改良に使ってきた。

④シャロレイ種。原産地フランスのシャロレイ地方。クリーム色の毛。脂肪分の少ない赤身肉が多いのが特徴だ。

それぞれの国で品種のちがいも加わり、牛の飼い方に特徴がある。だが、得意先の日本に輸出するとなると、日本人好みの肉をつくろうと必死になるのは当然のことだ。脂肪がきれいに肉に入った「霜降り肉」にするために穀物や大豆かすなど濃厚飼料をたくさん与え、早く肥育できるように、ホルモンや抗生物質栄養剤を添加せざるを得なくなる。

輸入牛肉の化学物質の残留

輸入牛肉の場合、日本向け用に雄牛を雌牛のように柔らかく、脂肪のついた肉に仕上げるため、さまざまな工夫がこらされている。よく知られていることだが、雄牛を女性化させ早く肥らせて柔らかい肉にするために女性ホルモン剤を投与するのである。

ホルモン剤は意外に肉に残留しやすい。ホルモン剤の残留の肉を食べた場合、女の子の発達に障害が出るといわれている。また、女性ホルモンが入っているため、女性ホルモンのバランスをくずし、ガンを引き起こしやすくする。

アメリカとEUの牛肉ホルモン貿易紛争は有名だ。アメリカやオーストラリアの牛には、ホルモン剤が使われてきている。EU諸国は、肥育目的にはホルモン剤を使用してはいけないことになっている。そのため、ホルモン剤を使用しているアメリカやオーストラリアの牛肉を輸入しないということで、貿易紛争になったのである。そして、一九九九年にEUは、ホルモン剤・エストラジオール―17βに発ガン性ありと発表している。

また、国が行なっている輸入食品の残留農薬の検査で、タイ産、ブラジル産の鶏肉から有機塩素系農薬の残留が見つかっている。これは牛肉ではないが、同じ肉として農薬や遺伝子組み換えの飼料を食べた牛は大丈夫だろうか。

また、輸入肉の中でくず肉を使用した「肉成型」や「成型肉」と表示された肉がある。これらは肉を成型する時、リン酸塩をよく使用する。これを多量に摂取すると体内のリンやカルシウムに働いて、骨をもろくさせる危険性がある。たとえば、イギリスでのヒトプリオン病（クロイツフェルト・ヤコブ病　九九ページ参照）の最大の原因は、骨にくっついている肉を機械的に集めてつくられる安い成型肉を使ったハンバーガーだといわれるほど、ＢＳＥの危険部位やその感染しやすい汚染肉が入っている可能性が高い。どこの肉を使っているのか、成型する前の肉の正体もよくわからないので、十分に気をつけたい。

また、ハンバーグ、ミートボールなど、すでに加工されて輸入されているものも要注意。二〇〇五年一一月、公正取引委員会は、「成型肉」を使いながらステーキと表示していたステーキレストランチェーンの「フォルクス」（本店、大阪府吹田市）に対して景品表示法違反で排除命令を出した。私たちは、この事件のように、知らないうちにこうした肉を食べてしまっているわけである。特に外食の時には、この種の危険のあるメニューは避けるに越したことはない。化学物質によってつくり出されることの多い輸入肉は、できるだけ避けたいものだ。

●鶏肉

地鶏から

鶏はキジ科の鳥で世界各国で飼育されている。もちろん、空をよく飛んでいた野生の鶏もいたわけだ。こうした野生の鶏を今から四〇〇〇年ほど前にインドやビルマで飼いはじめたといわれる。家畜になった鶏は、中国を経て弥生時代に日本に伝わってきたのではないかとされている。古墳時代の遺跡からたくさん出てくる鶏の形をした埴輪が、その推定の根拠だという。

また、平安時代の『延喜式《えんぎしき》』（九二七年）という政治の手引書には、神への供えものとして鶏の卵が書かれている。ということは、この時代にすでに卵や鶏肉を食していた人がいたことになる。

そして、地鶏という呼び名があるように、日本にも、その土地その土地に品種の違った鶏がいた。ところが、後で書くように、アメリカからの種鶏の輸入自由化によって、私たちは日本の土地土地の鶏をほとんど失ってしまった。今は、多くがアメリカ種を中心に改良したものばかりになってしまっている。

六割弱が輸入肉

鶏肉の国内生産量は、農林水産省の統計によると、二〇〇一年に一一九万六〇〇〇トン。輸入量はその六割弱にあたる七〇万二〇〇〇トンだった。

二〇〇三年から〇四年にかけての冬は、タイで、ベトナムで、フィリピンでと、アジア中の国々で鳥インフルエンザが発生した。発生国からの輸入を禁止したら、鶏肉は約一〇%の値上げとなった。BSEで姿を消した牛丼に代わって焼き鳥丼が店に並んだはずだったが、これも姿を消した。焼き鳥屋も、材料のほとんどを輸入に頼っているので、いつ底をつくかと頭を抱えていた。国内生産量の六割弱にあたる量を海外に頼っている日本の鶏肉業界の実情を示した一面である。

もっとも、国内生産もその実態を知るともっと不安になる。

鶏は大きく分けて二通り、目的別で卵を生むことを主にした採卵鶏と肉中心のブロイラーと呼ばれるものに分けられる。昔は肉用だけの鶏はほとんどいなかった。卵を産むのが少なくなったら、肉にまわした。

ブロイラーという肉用の鶏が日本に入ってきたのは、一九六〇年代に入ってまもなくのこと。当時「青い目のニワトリ」とか、「チキン戦争」、「青い目のニワトリがアメリカのエサを背負ってきた」と、日本中の養鶏農家が危機感を訴え、当時の農林省へ要請活動で連日連夜座り込んでいた。その席に私も座り、日本の鶏はどうなるのだろうかと思ったが、若かったこともあって、「今」を予想する

図表4　鶏肉の需給動向

年	1980	1985	1990	1995	1997	1999	2004(概算値)
需要量（1000トン）①	1,194	1,466	1,678	1,820	1,836	1,854	1,769
国内生産量（1000トン）②	1,120	1,354	1,380	1,252	1,228	1,213	1,242
輸入量（1000トン）	80	115	297	581	588	651	561
自給率（%）②／①	94	92	82	60	67	65	70
1人1年当たりの消費量(kg)	7.7	9.1	10.2	10.9	11.0	10.2	9.8

資料：農林水産省「食料需給表」
注：枝肉（骨付肉）の換算値

ことはできなかった。

農家養鶏は消え、企業養鶏が残る

ブロイラーの飼養戸数は、ガクン、ガクンと音をたてて減っている。一九九五年には三八五三戸だったのが、八年後の二〇〇二年になると二九〇〇戸、一年に約一〇〇戸ずつ養鶏農家が消えていった計算になる。消えた農家は、どんな思いで鶏を飼うことをやめていったのか。新しい仕事が見つかったのだろうか。そして、どんな暮らしをしているのだろうか。

かつて取材でお世話になった養鶏家やそこで働いている人たちに、輸入鶏肉ばかりの日本と鳥インフルエンザなどのことを聞きたくて、アンケート用紙を送り、電話で聞いてみることにした。

どんどん減っていく養鶏農家の統計数字を見たり、スーパーで鶏肉のパックや卵の値段を見るたびに、取材でお邪魔した何軒もの養鶏家の人びとの声が聞こえて仕方ないからだ。

「自分で食べられるような肉をつくろうと、エサの配合や抗生物質等の薬もできるだけ使わないでやってきたが、もう限界だ。五〇〇〇羽ぐらい飼ったんじゃ、夫婦でも暮らしていけないよ。飼えば飼うほどエサ代に持っていかれて、赤字になるばかり。といって、規模拡大する金も人生も残っていないもの」

昔からの知人で四〇余年も養鶏一筋でやってきた宮城県の六〇代の夫婦は、鳥インフルエンザのニュースが流れる中で幕を引いた。「もう一度野菜でやり直す」とあまり元気がない。この二人のような人たちが何組も何組もあったはずだ。

このようにブロイラーを飼う農家の数はどんどん減っている。しかし、ブロイラーの総数はあまり減っていない。つまり、一戸当たりで飼うブロイラーの羽数は年々増え続けているのだ。二〇〇二年の一戸当たり平均飼養羽数は三万六四〇〇羽と、この八年間で五三〇〇羽増えていることが、最も新しい農水省の統計にも出ている。

五万羽未満の養鶏農家は、一九九七年には一二四五戸と全体の約三〇%だった。それが五年後の二〇〇一年には八六七戸と全体の二五%に減っている。逆に、一戸当たりの飼養羽数が三〇万羽以上の養鶏農家が増えている。五〇万羽以上になると、五年前には全体の二%だったのが、三%の一二五戸になった。

家族でまかなえるくらいの小さな養鶏農家が消え、大規模な企業が経営しているか、飼料会社や食品会社、流通企業の下請けとして鶏を飼うといった企業養鶏だけが残っていく流れになっていること

図表5　輸入鶏肉の国別割合（2002年）

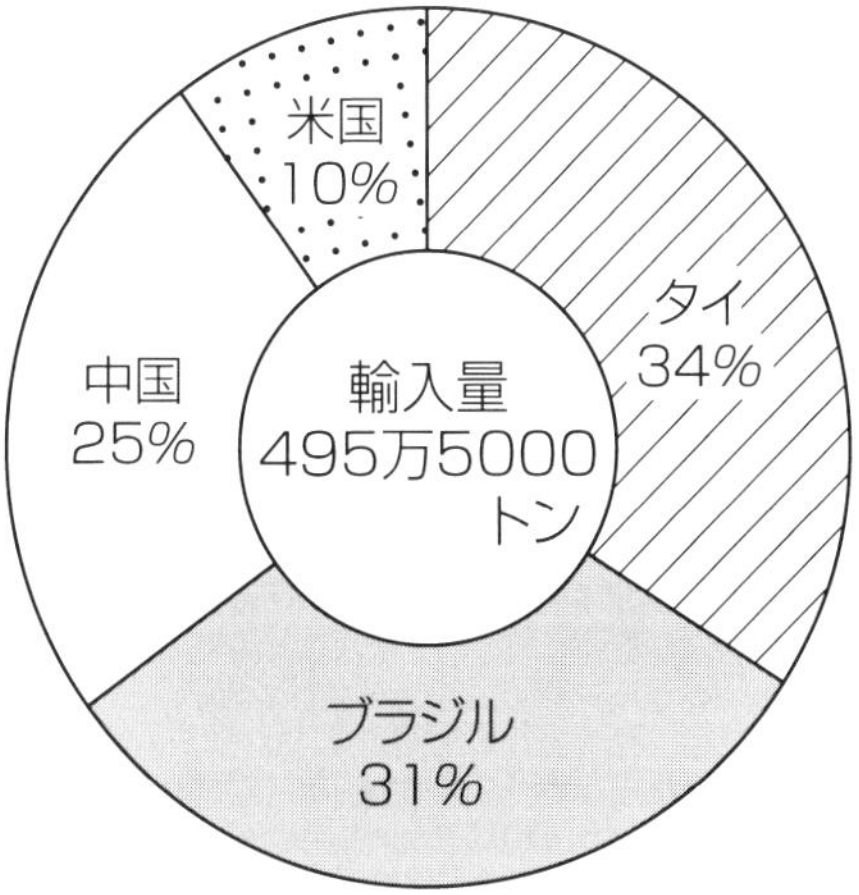

がよくわかる。そして、一戸当たりの飼養羽数が増加していることは、飼われている鶏からすれば、環境がかなり過密になっているということである。

焼き鳥の輸入

今や、国の壁はなくなり、鶏肉を売るという世界の資本は、生産から流通、小売りまでをチェーン化して、活動している。日本もそうした鎖の一つに組み込まれてしまったといえよう。

冷凍、冷蔵の輸入肉と国産の生肉を比べるのは少々無理があるが、小売り値であえて比べると、輸入ものは国産の約三分の一の値段である。

焼き鳥、唐揚げ、チキンナゲット、蒸し鳥といったさまざまなチキンの加工品はほとんど輸入ものばかりで、国産品を探すのはとても大変だ。焼き鳥屋さんに聞いてみると、「人手がなくて、自分のところで串に刺してなんてやっていられないが、もしやったら、国産肉の安いのを使っても一本五〇円や一〇〇円ではとてもできない。二〜三倍になる」。

こうして鶏輸入は増え続けたのである。鳥インフルエンザ発生で輸入が禁止されるまで、輸入量の増加が日常になっていた。

では、どこの国から鶏肉は輸入されているのか（**図表5**参照）。

たとえば二〇〇二年を見てみよう。鶏肉の総輸入量は四九万五〇〇〇トン。そのうち最も多いのはタイで一六万七〇〇〇トン（三四％）、ブラジルが一五万三〇〇〇トン（三一％）、中国は三番目で一二万二〇〇〇トン（二五％）、四番目がアメリカで五万トン（一〇％）と、この四ヵ国でほぼ全量を占めていた。

ところが二〇〇四年になってから、タイ産の鶏肉が、中国産鶏肉が、そしてカナダ産が次々に鳥インフルエンザ発生で輸入禁止となった。次々と広がる鳥インフルエンザに、発生していない国の鶏肉を輸入する手立てをするものの、その国もまた発生する。在庫が尽きてくれば、供給不足で価格上昇は避けられない。鳥インフルエンザに対する不安や輸入ものに対する心配からすでに消費が落ちはじめているなど、さまざまなところに影響が出ている。

その背景には、食料自給率がきわめて低く、国内の養鶏農家がどんどん減少していくような不安定な日本の現状がある。ひとたび外国で事故が起これぱあなたの食卓まで脅かされるのが、今の日本なのだ。

インフルエンザから学べること

二〇〇三年、鳥インフルエンザがアジア全体を覆ってしまう勢いで猛威をふるった。アメリカのテキサス州でも発生し、日本でも山口県に続いて大分県での二例目は、養鶏農家のものではなく、庭先で飼うペット用のチャボだった。そして、ついに養鶏業者に自殺者を出した京都での鳥インフルエンザは、日本に鳥インフルエンザが定着してしまう可能性さえ示唆した（それを証明するように二〇〇五年には茨城で発生した）。毎週毎週、週刊誌はその恐ろしさを書きたて、テレビも新聞も鳥インフルエンザの発生を報道しない日はなかった。二〇〇三〜〇四年の冬、日本はBSEに続いて、鶏肉危機時代に突入したといえる。

「BSEで牛肉は心配だが、鶏肉ならと、鶏肉ばかり求めてきた」

「生活習慣病の関係で鶏肉に切り替えていたのに」

「赤ちゃんや子供には鶏がいいと、鶏ばかりだったのに」

肉屋の前に立っている客に問いかけると、同じような答えがかえってきた。

東京・池袋の西武デパート、肉のコーナーで出会った三歳の子供連れ女性の一語は、大げさにいえば、肉一パック買うことが「命がけ」に近い時代なんだなあと考えさせられた。

「どこ見たって、インフルエンザのウィルス付きとか、BSEの肉ですなんて表示してないもの。運にまかせるきゃないじゃん」

当人はたぶん、無意識のひとことであったろう。「頼れるのは、私自身の意識だけよ」と付け加えられていたことからしても。

とにかく、嵐のように吹き荒れている鶏肉に対する情報を整頓し、自分自身の鶏肉の選び方を決めるには、大変な労力がいるということだ。確かな目、確かな舌、確かな耳を学習し育てていく機会と努力を惜しまないようにしたい。

食鳥処理業者は法律で定められている

かごの中に生きたままの鶏をいっぱい入れて商売している中国やベトナム、タイなどの市場風景を、テレビでよく見る。足を縛ってもらって、羽毛のついたままの鶏をぶら下げて帰る若い女性たちも時に写し出される。

鶏と人とがこんなに近くで共存しているのは、かっての日本にもあった風景だ。だから、鳥インフルエンザが鳥からヒトに移り、不幸にして死者まで出している。

日本の場合、食鳥処理は法律で定められている。勝手に生きた鳥を買って処理し販売したら処罰される。国が定めた食鳥処理業者によって、定められた食鳥処理場で解体し、すべての検査に合格して、初めて鶏肉になる。この法制度が整ったのは一九九〇年とまだ日が浅い。それまでは、「食鳥処理加工指導要領」（一九七八年）ぐらいのもので、牛や豚とちがい、公的な検査制度がなかった。しかし、大規模多数羽飼育へと生産構造が大きく変化してくる中で、ブドウ球菌症など、これまでにない病気が発生したり、不健康な食鳥も多く、食鳥肉の安全確保がむずかしくなり、やっと法制度ができたのである。

処理場は大規模処理場と小規模処理場の二つに分類されている。処理羽数が三〇万羽以下の業者は「認定小規模食鳥処理業者」といい、それ以上の大規模な処理業者を単に「食鳥処理業者」と呼んでいる。この二つには、構造設備基準に大きな差がある。

全国で許可されている食鳥処理場は三一九〇ヵ所。そのうち九四％強が認定小規模処理場である。

大規模処理場の検査

大規模処理場は一八〇ヵ所に過ぎない。二〇〇二年に処理、検査された食鳥の合計は、七億一一〇二万羽と気が遠くなりそうな数である。このうちブロイラーが六億一三四九万羽と、処理された全部の鶏の八割強になる。ブロイラーの九七％は大規模処理場で処理していた。たった一八〇しかない処理場でこれだけの羽数を処理することを考えると、ちゃんと一個体一個体が検査されているのか、とても気になるところである。

処理場に運びこまれた鶏は、処理前に「望診」といって、疫病や異常があるかなどを一羽ごとに検査する。次いで脱羽後、一羽ごとに体の表面を見たり、触診したりする。異常や疫病の疑いを見つけたら、さらに検査をする。

内臓を出したら、ここでも一羽ごとに、その内臓そのものや、空っぽになった鶏の体内を調べる。

おかしいと思ったら、さらに検査し、危険なものが見つかったら処分する。

検査の目安になる項目は省令で定められている。たとえば「内臓を抜いた後の体腔に腹水や多量の血液がたまっていたり、異常臭はないか」といったように具体的に示されている。プロの目でゆっくりと確実に法に定められた通りに検査されていれば、かなり多くの健康体の肉だけが出回るはずだ。

こうした検査には、主に食鳥検査と呼ばれる専門家（厚生労働省令に基づいて、知事が指定した獣医師）が当たる。しかし、七億余羽もの食鳥を、どうやって一羽一羽検査するのだろうか。まるで神業だ。

年間一〇〇羽くらいしか処理しないという処理場で働く男性は「いくら獣医さんだったり、大学で畜産を学んできたっていっても無理だと思う。見てっこないよ。特別おかしいのは、すぐわかるけど」という。彼は自分の体験から、制度では生きている鳥を検査するように定められているが、実際にはほとんど検査しないで処理されていると見ている。

大規模処理場で働いている三五年のベテランは「職人だから機械より異常を見分けられると思う。しかし、大規模化して、ライン化、機械化が進むと、見落とすことが多い。それに、異常なブロイラーなんてあまりに多すぎて、どこで線を引くのかわからない」といい、年々ブロイラーの異常が多くなっていると警告した。

卵

生卵文化はどうなる

何はなくとも、熱いご飯に生卵——。日本は安心して生卵を食べられる、数少ない国だった。最近、次々と起こる鶏をめぐる心配ごとに、今や生卵食文化も危ない。またひとつ日本の食文化が奪われそうな気がしてならない。

卵といえば、業者が六ヵ月前の卵約五万六〇〇〇個を出荷していた事件が記憶に新しい。二〇〇四年、京都府の山城養鶏生産組合が、半年前の卵を新しい卵と一緒にして一〇万二〇〇〇個も売っていた。この卵を食べて下痢をした人が出たことから発覚した事件である。あわてて廃棄・回収したが、約四万個は回収不能。すでに家庭まで行ってしまっていた。

下痢ですんだのは不幸中の幸いだった。一歩間違えば重大な被害を起こしかねない。改めて、一個の卵でさえ、見えにくいところでつくられていることを思い知らされた事件だった。

続いて起きたのが、七九年ぶりに発生した日本の鳥インフルエンザ。

かつて庭先で、家族で飼えるだけの数の鶏を飼っていたころ、鶏は家族のような存在だった。食べるものはすべて自給していた七九年前とは大きく変わってしまっている現在、不安はつのるばかりで

ある。その背景には、
①食の流れをとってみると、世界がひとつになってしまった。
②それぞれの国の山の中で静かに暮らしていたウィルスを、人間の欲望で開発の名のもとに引き出してしまった。
③かつては、各地に特有の風土食や風土病などがあったが、資本がそのバランスをめちゃくちゃに崩してしまった。
といったことがある。そして、特に日本の食料の自給率の低さが、より不安をかりたてる。マスコミは次々と鳥インフルエンザの広がりを伝え、アジアの国々には鳥からヒトへのインフルエンザが大流行すると警告した。そして、ついに二〇〇五年一一月、中国でも鳥インフルエンザで死者が出てしまった。

専門家は日本にも鳥インフルエンザが定着してきたと見ている。京都、山口、大分と発生したが、処理が速くてなんとか終わりになりそうだった。だが、京都の浅田農産船井農場の鳥インフルエンザ発生は、怖れていたことの始まりだった。発生から七日余りの無神経ともいえる放置とその間の鶏や卵の出荷によって、鳥インフルエンザは全国へ広がってしまった。それは、食物にかかわる者としての危機管理意識のなさがあっという間に危険を拡大する恐ろしさを物語っている。

この事件はまた、大量に速く全国へ行きわたる現代の物流システムの下では、一点に汚染が起こるとひとたまりもなく全国に広がることを示した。日本国内のみならず、どこかの国に発生した危険はあっという間に日本にやってきて、町や村のスーパーに、そして食卓へと一直線に影響を及ぼす。渡り鳥によって運ばれてくる鳥インフルエンザウィルスは、渡り鳥の休憩場でもある日本にいないはずはない。私たちは鳥インフルエンザウィルスの住む中で鳥を飼い、鶏肉を食べ、生きているのだということを強く考えさせられた

卵を産む鶏のことを「産卵鶏」といい、鶏肉になるブロイラーなどとは品種がちがう。産卵鶏にもいろいろ種類はあるが、大部分は白色レグホーン種と呼ばれているもので、イタリアが原種である。この白色レグホーンをもとにして、次々に改良されてきた。

白色レグホーン種のメスの体重は一・八キロで、年間約三〇〇個の卵を産む。エサは年間四〇キロ弱食べる。一個の卵を六〇グラムとすると、一・八キロの卵を生産したことになる。単純に計算すれば、食べたエサの四五％を卵にしてしまう。見ていると、産んだ卵を抱きヒヨコにかえすといった役割を忘れたように、毎日毎日卵を産み続ける。卵を産むことだけに生き続けているような産卵鶏という鶏を、人間は改良を重ねて開発したわけである。

だからこそ、おいしく安全な卵は、いい環境で安全ないいエサを与えられ、生き物として飼われている鶏からのみ産まれることになる。

「安全な卵を求めるなら、養鶏場を見に行け」というのが、卵や鶏肉を仕入れに行く人の言葉だ。

飼育方法で決まる卵の値

まず、飼育方法を知ることが第一だ。養鶏には大きく分けて「ケージ飼い」と「平飼い」の二つが

ある。圧倒的多数はケージ飼い。「ケージ」とは「鳥かご」という意味で、数万羽、数十万羽の鶏を効率よく飼うために考案されたものである。鶏舎の中に金網製のケージを置き、二〜六羽ぐらいを四角い鳥かごで仕切って飼う。それを二段、三段と重ねて向かい合わせ、その列の間にエサを配る。それも機械が動きながら、エサ箱に入れていく。産み落とされた卵もベルトコンベアなどで集められていく。すべての作業が自動的に行なわれていく。高層マンション群に住み、すべてボタンひとつで生きている鶏の町になっているといえよう。しかも、大型鶏舎は、窓なしの「ウインドーレス鶏舎」が多くなっている。

五万羽、一〇万羽養鶏といわれる大型養鶏場は、温度、湿度、光などの管理やエサ、水やり、そして集卵と糞処理のほとんどすべてがコンピュータ制御で行なわれている。生きた鶏ではなく、ベルトコンベアーで部品を集めて卵をつくりだしているように見える「卵工場」だ。鳥インフルエンザ汚染の鶏や卵を全国に出荷してしまった浅田農産船井農場も、これに近い鶏舎だ。

大規模でコンピュータ化された鶏舎で鶏を飼っている人たちは、「機械化され、昔とちがって楽できれいになったけど、鶏の健康状態を見逃しそうで、こわいです」という。さらに、鳥インフルエンザ発生以後、農水省は、自然から隔離された鶏舎のほうがインフルエンザウィルスからも守りやすいと、ウインドーレス鶏舎を奨めている。鶏たちの生きる環境はますます自然から離れることになる。自然から離れれば離れるほど、薬づけの卵をつくらざるを得なくなるのではなかろうか。

昔の飼い方に近い平飼い

「平飼い」というのは、鶏を鳥かご（ケージ）に入れないで、鶏舎内を自由に動きまわらせて飼う飼い方である。コンクリートの上でなく土の上で飼う。昔のように隅の方に採卵箱を置き、卵はそこに産ませる。糞も鶏たちが適当に場所を決めて排泄する。時に鶏たちは砂あそびをする。羽根の中をきれいに掃除するためだ。そうしないと鶏特有のシラミなどが住みつく。ケージ飼いでは、エサにそうした菌や虫を駆除する薬を混ぜていることもあるほどだ。

したがって、平飼いは、こまめに鶏舎を掃除する必要があるし、卵もいちいち集めないと、汚れたり、傷ついたりしてしまう。というわけで、とても人手がかかる。当然、エサも人の手によって与えられる。

平飼いの卵はブランド卵として売られることが多いが値段は高くなる。

平飼いの中でも、「放し飼い」といって、林の中や果樹園の中でほうっておいて飼う方法もある。産卵も自然の中、オスもかなり一緒にいて、有精卵とか有機卵とかといわれて売られている。獣にやられることも多いので、生産量はきわめて少なく、高価である。

コンピュータ制御ですべてが機械化されていれば、当然エサの配合もそれに合わせることになる。エサの中には、病気予防から卵の黄身の色や産卵率を高めるための薬などさまざまな化学物質が添加されている。もちろんそうした抗生物質等は法律で認められているものだけで、出荷前の七日間に与える飼料からはこうした抗生物質や薬剤を除かなければいけないことになっている。抗生物質などが卵や肉に移行していくことが認められているからだ。

しかし、「平飼い」では、少なくとも機械に飼われていることはない。どちらの卵が安全かといえば、当然平飼いの方が健康度の高い卵のはずだ。

まともな卵は五〇〇羽が限界

全国一八ヵ所で鶏を飼っている人に、「安全な卵を買うとしたら、あなたはどこで買いますか」と、聞いてみた（大規模養鶏場で働いている人にも）。

三〇〇羽以下の養鶏家は全員「うちの卵」と答えた。三〇〇〜五〇〇羽を飼う人たちは、「うちの卵」が八割で、残り約二割の人は「知人でいい卵をつくる人がいる」と一〇〇羽以下の養鶏家をあげた。

五〇〇羽から一〇〇〇羽の答えはまちまちだった。「うちの卵」は三・五割に減り、「仲間のもの」を買う人が四割、残り二・五割は「不明」。

二〇〇〇〜三〇〇〇羽の人たちも「買うとしたら〝うちの卵〟」「あまり卵は食べない」「昔風の少し飼っている庭先養鶏からかな」と、さまざまな答えがかえってきた。

一気に一万、三万、五万羽を飼う人にも聞いてみた。ずいぶん答えはちがう。一万羽を飼う経営者二人と、三万羽と五万六〇〇〇羽養鶏場で働く人の三人。合わせて五人の答えはいずれも「卵は食べたくない」。理由は、毎日毎日工場のように生産されている卵は、「生ものなのに工業品みたいで気持ち悪い」と「エサの中身が心配」の二つ。それでも買えというなら「小さい養鶏場で、自前のエサで飼っているところを探す」。それも、「鶏が好きで好きでしようがない奴のものを」という答えだった。

関西地方で一万羽を飼う農民は、「鶏を好きなように飼育するには、夫婦で五〇〇羽が限界かな。五〇〇なら鶏の顔を見ながら自分なりの配合飼料もつくれて、納得のいく卵を産ませられる。五〇〇羽以上飼うとそれができない」と答えてくれた。

しかし、五〇〇羽以下の養鶏では、五人家族どころか、夫婦でも食べていけない。一個四〇円で売れても売上は月四〇万円ほど。四〇円以上の卵は売れないのが実情だ。だから少なくとも一万羽養鶏にならざるを得ないという現実がある。

ほどほどのまともな卵を産ませるには五〇〇羽が限界で、この数なら農家がエサ（特に野菜など）もつくりながらやっていけるという。これ以上になると企業化していかざるを得ない。

そう考えると、少々高い卵で小規模の農家養鶏を選ぶのか、安い卵だがエサや鶏の健康に不安や疑問が残っても仕方ないと大規模企業養鶏のものを選ぶのか、それはあなた次第だ。

卵を健康のために、安全な食として食べるなら、二個食べるところを一個にしても、飼い方のはっきりした、少々高くても鶏を生きものとして扱っている養鶏場卵にしたい。

3

薬づけの食肉とあぶない飼料

●抗生物質の疑問

食肉から人間へ

家畜の飼料や家畜の病気は、その肉を食べる人間にとっても気にしないわけにはいかない。

家畜に使われる抗菌性物質（抗生物質）には、動物用医薬品と飼料添加物の二種類がある。病気の治療や予防に使う医薬品は、薬事法に基づいて獣医師の管理下で使っていいことになっている。一方飼料添加物は、家畜の成長促進や肉質を良くするなどの理由で、飼料安全法に認められたものを飼料に混ぜて与えている。

抗菌性物質の乱用は、耐性を生じ、副作用があるので、国際的に大きな問題になってきた。病院内感染が大きな社会問題になっているが、これも抗生物質を大量に使うことが原因だ。家畜と病院内感染がどんな関係があるのか。それは、飼料に添加された抗生物質が家畜の体内で抗生物質耐性菌を発生させてしまうからだ。その耐性菌のいる食肉を食べれば、人間にも抗生物質耐性菌が入ってしまい、病気になっても抗生物質が効かなくなってしまう。

抗生物質というのは、微生物が病原菌などによって殺されそうになった時、その菌をやっつけようとして出す物質である。長い研究の結果、そうした物質を発見して、死を待つしかなかった病気を人間は克服してきた歴史がある。

草分けともいえる抗生物質が「ペニシリン」である。ご存じのように青カビから発見され、結核の特効薬「ストレプトマイシン」を生んだ。死を待つしかなかった結核をこの「ストレプトマイシン」によって克服できたのである。しかし、結核菌との闘いで大きな成果を上げた一方、「耐性」を持った病原菌が次々と出現することになってしまっているというわけである。

今、世界で恐れられている耐性菌が「バイコマイシン耐性腸球菌（VRE）」。最も効き目のある「バイコマイシン」という抗生物質でも死なない菌が出現してしまった。

このVREが病院内で発見された。一九九〇年代はアメリカなどで病院内感染で多くの患者が亡くなった報告が相次いだ。そんな中で、「バイコマイシンに類似した抗生物質を二〇年余りも飼料に入れて使ってきた養鶏、養豚場からVREが見つかった」という欧州の報告が世界を駆け巡った。院内感染は、医療現場での抗生物質の乱用だけでなく、畜産現場での抗生物質こそ最大の原因ではないか。そんな見方が今多数派を占めている。

日本でも養鶏場を調べたところ、糞からバイコマイシンの耐性菌を発見している（一九九六年）。食品への残留農薬などが心配されていた時なので、関係者の間では、「耐性菌」のついた肉を人間が食べて大丈夫だろうかと問題になってきた。その翌年の一九九七年には、バイコマイシンによく似た抗生物質の使用を日本は禁止した。

今、医療現場では、「食物を通してVREができるのでは」という不安が広がっている。バイコマイシンを使ったことのない赤ちゃんからVREが検出されることがあるからだ。

耐性菌の副作用はそれほど危険なものだから、成分濃度の高い抗生物質の使用は、薬事法で厳しく定められている。獣医師の処方箋がなければ使用できない。あくまでも病気の治療と予防が目的で、獣医師の指示によって投与されなければならないはずだ。ところが成分濃度の低いものは、添加物として成長促進のために畜産や魚の養殖で乱用が続いている。

日本の動物用医薬品の販売高は二〇〇〇年で約八〇八億円。人間の薬の約二倍の金額である。その八〇八億円の四五％が抗生物質類、ワクチンは約二六・七％、ビタミン製剤など栄養剤は約一五％。驚くほどの量の抗生物質やワクチンなどが、動物の病気治療ではないところで家畜に与えられている。

家畜への抗生物質などの大量投与に対して、農水省はやっと二〇〇三年から見直しを始めた。

EUは禁止、アメリカは拡大

欧州連合（EU）では、二〇〇六年までに抗生物質を「成長促進目的」で飼料に添加することを全面禁止すると決定した。スウェーデン（一九八六年）やデンマーク（一九九九年）ではすでに禁止している。一方、日本への輸入肉が最も多いアメリカやオーストラリアでは、まったく手がつけられていない。

家畜への抗生物質の大量投与は、病気になりやすい過密な飼い方が原因である。三・三平方メートルにブロイラーなら五〇羽以上、豚なら五〜六頭を飼うという企業型の畜産では、家畜が生物並みに扱われていないので、ストレスから病気になりがちである。そこで大量に薬を使わざるを得ない。

超大型化、システム化しているアメリカ畜産は、抗生物質抜きに成り立たないだろう。アメリカでは、国内で生産する抗生物質の五五％を家畜に使っている。中でも鳥への使用が圧倒的に多く、そのうちの約八〇％を占める。

その上、肉質をよくしたり肥育促進のため、天然型性ホルモン剤をかれこれ半世紀も使い続けている。オーストラリアもこのホルモン剤を長期間使用している。

こんなにも薬づけになっている家畜の肉を世界で最も食べているのが、日本人ということになる。豚も鶏も牛も世界で日本への輸出が一番多い。そんな事実を知ると、背筋が寒くなる。

米食品医薬品局（FDA）は、「人体に与える抗生物質等の影響に応じて審査するが、現状は適切だ」という考え方を示している。それは、アメリカの場合、ブッシュ大統領をはじめ、今の政治を動かしているのが牛肉を中心とした畜産関係業界だからだ。

輸入肉から次々VRE検出

食肉で抗生物質が効かない耐性菌VREを持っている割合の高いのが鶏肉である。厚生省の検査によると、ほぼ毎年、日本で一番多いタイ産鶏肉で約二割、フランス鶏肉は約半分、ブラジル産は約一割からVREが見つかっている。そして、二〇〇二年にはタイに加えて中国産鶏肉からも検出。ドイツの輸入豚肉からも検出。長期間バイコマイシンに似ている抗生物質入り飼料を食べてきた鶏に耐性菌（VRE）が生じたなら、豚に「耐性菌」が生ずるのは時間の問題だといってきた研究者たちの不安があたり、事態は世界的に深刻化している。

問題は、ＶＲＥが食品衛生法上は規制の病原菌になっていないことだ。現在、抗生物質耐性病原菌として認められているのは、サルモネラやコレラなどである。

鳥インフルエンザ発生でタイや中国からの鶏肉輸入を停止しても、再開されればＶＲＥ汚染鶏は大手を振って入ってくることになる。その恐ろしさを知っているから、ＥＵは自国でのバイコマイシン類似抗生物質の使用禁止と同時に、ＶＲＥ汚染肉の輸入も禁止しているのだ。

鶏の食べる飼料やヒナの輸入を考えないでも、単純に計算して四〇％を輸入に頼っている日本だ。そのほとんどといってもいいかもしれない肉がＶＲＥに汚染されている可能性が大きい。ＶＲＥがひたひたと身近におしよせている。この次には、どんな病気が出るのか不安だ。

米・ＥＵ牛肉ホルモン貿易戦争

アメリカ牛やオーストラリア牛は、約五〇年間肥育促進の目的でホルモン剤を食べ続けてきた。当然、日本に輸出する牛肉も例外ではない。それが証拠にアメリカ産とオーストラリア産牛肉からホルモン剤が検出されている（一九九八年、厚生省調べ）。ＥＵ諸国は、病気治療・予防以外でずっとホルモン剤を使ってこなかった。一九八九年に「ホルモン剤の食肉・食肉製品の残留が人の健康におよぼす影響が重大なので、残留ゼロにする」と定め、肥育促進の目的でホルモン剤を家畜に与えることを禁止した。同時に、ホルモン剤を使っている国からの家畜・食肉・その加工品の輸出を禁止した。ところが、一九九五年、この措置はWTO協定違反とされた。EUは専門委員会を作り、ホルモン剤に発ガン性のあることを発表した。EUの対応により、世界に牛肉ホルモン剤への不安が広がった。ホルモン剤・抗生物質大国アメリカとEUの戦いは激化するばかりである。

そのアメリカとオーストラリアから、日本は何の規制もなく牛肉を輸入してきた。なぜなのか。危険を知っていて輸入していたのか。

二〇〇三年にアメリカでBSEが発生して、アメリカ牛肉は輸入停止になり、日本は牛肉の輸入先をオーストラリアへとシフトした。オーストラリアは大丈夫と、広大な牧場で悠々と草を食べる牛を大写しにしたテレビコマーシャルが流れる。そのオーストラリア牛肉は、ホルモン剤で育った牛のものである。日本ではこのようなホルモン剤は使ってはいけないことになっている。ところが自国で使ってはいけない危険なものを使っている国から輸入してもいいという、妙な国である。

この不思議を衆議院議員の山田正彦議員（民主党）が農水委員会で農水大臣にぶつけている（二〇〇三年五月一五日）。山田議員は「日本国内では成長ホルモンを使ってはいけない。違反すれば罰則される。ところがアメリカからの輸入牛肉は成長ホルモンを使ったもので、残留基準値を超えなければ輸入し、食べていい。これはおかしいと思わないか」と詰めよった。亀井農水大臣（当時）は「おかしいと思います」と一言。それで答弁は終わってしまった。

日本では、ホルモン剤の残留基準が定められているのは、合成ホルモン剤のトレンボロアセテートとゼラノールの二品だけである。問題の天然型性ホルモン剤に発ガン性のあることは、日本の政府専門委員会の報告でも認めている。だが、結論は「日本側の対応としては、コーデック委員会（国連食料農業機関と世界保健機関の合同で一九六二年から運営。国際貿易上、重要な食品の規格を選定する。日本は一九六六年に加盟）の結論に準ずる。適正使用規範に従って使えば、天然型性ホルモン剤は心配ないだろう」というものだった。

アメリカはO157汚染国

一九九六年、大阪府堺市で七〇〇〇人近い学童の集団下痢症が発生、不幸にして三名が死亡するという事件があった。下痢症の犯人は病原性大腸菌O《オー》157と判明した。日本で初めてのO157の発生は一九九〇年だったが、このO157事件こそがその後発生するBSEや鳥インフルエンザ、コイヘルペスなどの一連の騒動の幕開けであった。

O157は感染路不明、治療薬のなさなど、正体のつかめない病原菌だった。当時、「貝割れ菜」が原因と厚生省が発表したため、貝割れ菜の生産者は大損害を受けて、倒産者も出たほどだ。生産者は裁判に訴え、国の損害賠償責任を認めさせた。

だが二〇〇〇年に入ると、O157の集団中毒が次々と発生している。たとえば、二〇〇一年に滋賀、富山、奈良の三県で同系列ファミリーレストランのビーフ角切りステーキを食べた六人が感染。カナダからの輸入牛肉が汚染源と判明した。同じ年に滝沢ハム集団中毒事件がある。千葉、埼玉、神奈川県など関東一都六県で二〇四名が下痢・吐き気を訴えた。滝沢ハムの原料にアメリカの輸入牛肉が使われ、それが汚染源であった。

二〇〇一年に発生したO157の二件について、やがてその驚くべき原因がわかった。衆議員議員（当時）中林よし子さん（共産党）の農水委員会での質問によると、厚生労働省は二〇〇〇年の輸入牛肉のO157のモニタリング検査を十分にしなかったのである。輸入肉についてはひき肉の二〇件を検査するよう計画したが、実際は二八件の輸入牛ひき肉と三〇件の輸入牛肉を検査しただけだった。きちんと検査をしていれば、O157汚染輸入牛肉を発見できて、二〇〇一年の集団中毒事件を防ぐことができたかもしれない。

その前年、一九九九年のO157の輸入牛肉検査では、一三六一件実施して、九件のO157汚染輸入牛肉を見つけている。九件で九四トン。一人一回一〇〇グラム食べれば九四万人分。一三六一件の検査にひっかからなかったら、九四万人がO157汚染肉を食べたことになる。O157中毒事件がおきない方がおかしい状況にある。

もっとびっくりしたのは、検査ではじかれたO157の汚染牛肉の行方。「加熱処理すれば問題ない」と加熱処理を条件にし、レトルト食品製造メーカーへの売却を認めていたのだ。

O157は法定伝染病である。それなのに、加熱されたO157汚染肉は、レトルト食品の材料として市場に出ていった。あなたが何気なく食べたビーフカレーの牛肉がそうだったかもしれない。

汚染肉を輸入してくるアメリカでは、年間一万六〇〇〇人ほどのO157中毒患者が発生している。アメリカの肉用牛のO157保菌率も高く、季節によってちがうが、一〇〜二〇%という汚染国である。

●飼料の疑問

こわいポスト・ハーベスト

日本の畜産は飼料を輸入にたよっている。主要濃厚飼料（トウモロコシや大麦などの穀物。一六九ページ参照）の供給（消費）量を見ると、約七〇％が輸入飼料である（二〇〇一年、農水省）。糖類や植物油かすは国産飼料が多いが、飼料の中心ともいえる穀物（トウモロコシ、大麦、コウリャンなど）はほとんど輸入ものである。そのほとんどをアメリカから輸入している。肉だけでなく国産肉のもとになる輸入飼料の安全性も気になるところだ。

ところが、この輸入飼料から、発ガン性物質やアレルギーを引き起こす残留農薬が高率で検出されているのだ。抗生物質と同様に、飼料を汚染した農薬は家畜の体内に残留する。その肉を食べればそのまま人間に影響を与える。肝臓や腎臓に農薬は残留して、ガンを引き起こしかねない。また、大豆やトウモロコシなどの多くは遺伝子組み換えのものである。それを食べた家畜は、そして肉はどうなっていくのか、全くわかっていない。

といって、農薬ゼロの穀物飼料を輸入するのはむずかしい。外国からの虫や病原菌が入ってこないように、農薬で燻蒸《くんじょう》した飼料が輸入されるのが普通である。もし農薬なしで入ってきたとしても、港での検査段階でカビや病害虫が見つかれば、日本国内で防疫のため農薬で殺菌、殺虫してから上陸させることになる。いずれにしても、輸入飼料は、薬剤散布なしでは入ってこないというわけである。

収穫後の病虫害防止のために輸送の過程で薬剤散布や燻蒸することをポスト・ハーベストという。このポスト・ハーベストに使う農薬がこわい。輸入小麦は飼料用と食用があり、飼料だけの数字はわからないが、この輸入小麦からポスト・ハーベスト農薬で殺虫剤（クロルピリホスメチル）が〇・一〜〇・七PPM検出されたことがあるのだ。その調べ方がまたべらぼうである。一〇万トンのタンカーからサイロに移す時にわずか一〇キロの小麦をとって検査するといったやり方。それでも高率の残留農薬が検出されたのだ。

ヒ素・カドミウム・鉛など重金属のこと

屠畜場で内臓の病変が見つかって肉にならない家畜が年々増加している。牛も豚もひどい時には処理数の五、六割に病変を発見するという。心臓や肝臓がボロボロになっていたり、赤くただれている。調べると、ヒ素やカドミウムが検出される。

「土壌が開発によって汚染されたり、農薬で汚染され、そこから大豆や麦に残留した重金属が飼料となって家畜に入り、内臓や肉に残留する。それを人間が食べるわけだから……」と飼料研究者の山本勝さんは、飼料の重金属汚染を警告している。

その他、ダイオキシンやさまざまな病原菌の汚染飼料、そして硝酸態窒素を含んだ飼料の問題もある。

飼料の問題点を見てくると、国内産も外国産食肉も食べるのがいやになってしまう。しかし、より安全なものを探すことはできる。一般に流通している外国産牛肉なら、放牧飼育が多いオーストラリア産が、薬づけ、BSEも大いに心配なアメリカ産と比べればまだいい。だがそれより、国内産の放牧中心の肉牛か、問題の飼料を排除して自前のエサで飼育している牧場を探す方が確実に安心である。最近、抗生物質やホルモン剤など使わないで、放牧を中心に考え、自家飼料でがんばっている生産者も広がってきた。そうした生産者と手を組み、そんな肉を扱う肉屋さんを励ましていくことが、一番安全な肉への道だろう。

飼料になる遺伝子組み換え穀物

遺伝子組み換えとは、作物の遺伝子を人工的に操作してたんぱく質の生成や細胞内で引き起こされる生体反応を変え、自然界にこれまで存在しなかった新しい植物をつくりだすことである。たとえば土壌細菌の遺伝子を大豆の遺伝子に組み込むと、除草剤の効果を消滅させる酵素を出す大豆ができる。こうして、除草剤を散布しても枯れない大豆が生まれている。しかし遺伝子組み換え作物は自然界を狂わせることになる。できた食材を食べた人や家畜に本当に問題は残らないのだろうか、と不安を持つ人が多いはずだ。

日本では、一九九六年に、除草剤耐性大豆や害虫抵抗性トウモロコシ、ジャガイモなど、七品目の遺伝子組み換え穀物が許可された。そして、家畜用飼料として遺伝子組み換えトウモロコシを一九九八年に認めている。このトウモロコシは、アメリカのアベンティス社が開発したスターリンクと呼ばれるものである。人畜共用にしたかったが、スターリンクは人間の腸内では分解しにくかったので、食用には不向きとなったのである。

アメリカ環境庁のステファン・ジョンソンさんは「飼料用となったが、食品に混じってしまったら大変なことになりかねない」とテレビ取材に述べていた。

それが本当に日本で起きた。二〇〇二年一二月、アメリカ産コーンスターチ用トウモロコシの中にスターリンクが混じっていたのだ。名古屋検疫所でのことである。

遺伝子組み換え作物飼料が家畜にどんな影響を及ぼし、その肉や卵、牛乳を食する人に何をするのか。そして生態への影響はどうなのだろうか。わからないことばかりの中で、遺伝子組み換え作物はどんどん広がっていこうとしている。日本でも、消費者や生産者の「危険が予想されるから、中止してほしい」という声を無視して、大豆やナタネ、稲などの栽培研究を国がスタートさせてしまった。

国内産の油カスなどの飼料も、輸入大豆やナタネの油搾りカスが圧倒的に多いので、やはり遺伝子組み換え飼料となってしまう。飼料用として使う場合には、それが遺伝子組み換えであるかないかは全くわからない。だから、国内産食肉を求める時も、飼料の素性をしっかりと知らないと簡単に安全といえないのだ。

二〇〇一年には、JAS法で、遺伝子組み換え作物の表示が義務づけられた。

輸入食品の検査体制

急増する輸入食品。ＷＴＯ交渉で関税が引き下げられれば、輸入食品が洪水のように日本列島を直撃する。それなのに、食料自給率四〇％という日本の検査体制は、一〇年前とほとんど変わらない。輸入食品の大多数が無検査で輸入されている状態で、いったい残留農薬や残留抗生物質などの問題はどうなっていくのだろうか。

輸入食品は、全国三二ヵ所にある検疫所で食品衛生監視員によって検査されている。この監視員は名前の通り監視と検査が仕事で、国民の健康を守るのが業務であるが、全国で二八三人しか配置されていない（二〇〇三年）。しかも、輸入食品届出件数の多い成田空港、東京、横浜、大阪、関西空港、神戸の各検疫所に集中的に配置されているため、監視員が一人しかいない検疫所が仙台空港、千歳空港など一一ヵ所もある。

厚生労働省の輸入食品届出件数は一六〇万七〇一一件（二〇〇一年）。三〇〇人に満たない監視員に対しては気の遠くなるような数字だ。しかも、最近の傾向として、届出件数が千歳空港、仙台、川崎、新潟など地方の検疫所に急増している。たとえば二〇〇三年、監視員一人の広島には、八〇八四件も届出があった。検査ができたのは七四四件、そのうち違反件数は四件。これでは、食品衛生監視員は病気もできない。

これまでは、食品輸入申請者から食品等輸入の届出が検疫されるところから輸入業務は始まった。

監視員はその書類の一枚一枚を審査し、検査の有無をチェックできた。今は、輸入申請者がコンピュータにデータを入力すれば、届出したことになる。つまり、食品検疫と通関処理を同時並行で行ない、通関をスピードアップさせたわけだ。この背景には、「二四時間輸入手続終了化体制」を強く日本政府に求めた日米構造協議会（一九九〇年）でのアメリカ政府のねらいがあった。

確かに、コンピュータ化によって食品検疫や動植物が短時間に審査できるようになった。その反面、これまでの食品衛生監視員が体験と学習により自分の全機能（五感）を使って得ていた検疫技術を失うことになってしまった。従来は、輸入品が集まっている倉庫に食品衛生監視員自らが出向き、輸入農産物を五感で検査し、おかしいと思うものを検疫所に持ち帰り、検査を行なうという方法をとってきた。臭いや色や荷物の異常な形などを見分けるベテラン監視員の勘《かん》は、重要な最初の検査であった。こうした方法を今はとれない状況になってしまった。現在は「輸入者が自ら行なう検査を原則とすること」と指導している。こうして、食品衛生監視員の仕事は、コンピュータの画面を見ることばかりになってしまった。

神戸検疫所のある食品衛生監視員は監視員歴三〇年を振り返りながらこう言った。

「今はコンピュータを速く使えるのがいい監視員とされます。輸入申請者のデータをコンピュータ処理できれば監視員の仕事は終わりですから。これでいいのでしょうか。命をあずかる食品を見分ける仕事のはずなのに。輸入食品はとても危険な時代に入っているような気がします。食料の量もですが、安全度で国産を確保するネットワークをしっかりつくることが必要でしょう」

4

人畜共通伝染病が教えること

●食肉汚染連鎖

人畜共通伝染病とは

「二一世紀は感染症が人類に襲いかかる時代だ」といわれる。BSEに鳥インフルエンザ、SARSやエボラ出血熱など、次々と発生する人獣(畜)共通感染症は、食肉への不安をかきたてるだけではなく、新しい感染症を発生させるおそれがあるのだ。

人間の世界と自然の世界の境目を人間が壊し、資本によってモノも人も国境を超えて自由に激しく行き交う地球上で、食肉汚染連鎖の危険が高まっている。世界一の食肉輸入大国日本はとりわけ、この危険を避けて通れない。自然界の仕返しともいえる人獣共通感染症について正しく知り、なぜ発生しているのか、そしてどう対策していったらいいのかを学び、行動していくこと以外に、この危険な食肉汚染の連鎖を断ち切る術《すべ》はない。

BSEに感染した牛から人へうつると、「クロイツフェルト・ヤコブ病」という脳疾患になる。また、鳥インフルエンザは豚を通して人に新しいインフルエンザを発生させる。このように牛や豚、鳥がかかる病気の中には、動物だけでなく人にも感染する病気がある。それを「人畜共通伝染病」と呼んでいる。

ＷＨＯでは「脊椎《せきつい》動物と人との間で自然に伝播するすべての疾病と感染」を人畜共通伝染病と定義している。人畜共通感染症は細菌やウィルスが動物や植物を通して人間の体内に入り発症させていくもので、これから先まだまだわからない感染症が現れてくる危険性が十分考えられる。

人畜共通伝染病の病原体は、世界で数百種類が知られている。日本にはそのうち一〇〇種類近くが存在している。マラリア、ペスト、天然痘、チフス、コレラ、結核、梅毒、インフルエンザとあげればきりがない。みんな細菌やウィルスだ。これらは人類の歴史とともに出現してきた。人の歴史はまた細菌やウィルスの歴史でもあるといえるほど、細菌、ウィルスと人間との関係は深い。

最近の話では、一九一八〜一九年に世界中を襲ったスペイン風邪が、今アジア、北米で猛威をふるっている鳥インフルエンザの親類ともいえるＨ１Ｎ１型インフルエンザであったことはよく知られている。スペイン風邪では世界で六億人が感染し、三〇〇〇万人が死亡。日本でも四〇万人が死亡した。今の鳥インフルエンザを危険視し、早く対策をという人たちは、当時のことを知っていたり、科学的にウィルスの恐ろしさを確認できるからである。

日本では、家畜を通して人間に感染する人畜共通伝染病に関しては、「家畜伝染病予防法」に基づいて、感染が広がらないように対処している。臨床獣医師や家畜防疫員が家畜保健所にいて、病気が発生すれば、農場に出かけ、安全な食肉が生産されていけるように指導していく。感染されていることがわかれば、この法律によって出荷されないことになっている。

さらに感染が広がらないように、焼却処理をしたり埋めるなどして、小さい発生の時に病原菌やウイルスを死滅させるよう努力している。

それでも、今回の京都浅田農産の鳥インフルエンザのように、届出が遅れると、被害が広がってしまう。生産者と臨床獣医師の密な関係と、安心して食肉生産のできる畜産政策があって初めて、安全な肉を食べることができるのである。

一般的に、生産国政府が「感染していない」ことを証明する衛生証明書を添付していないと肉は輸入できないことになっている。私たちは付いている「証明書」を信じるしかない。

日本ではBSEが発生した後、トレーサビリティ（一四九ページの**図表9**参照）という牛の生産履歴を消費者まで伝えるシステムを法的に確立させた。これによって、今買おうとしている牛肉がどこで生まれた子牛で、何を食べ、どこで大きくなって、誰の手によって肥育されて、屠畜はどこで、どの市場から小売りに流れてきたかまでわかるようになっている。しかし、残念だが、これは国産肉に関してのみである。

輸入肉には牛のトレーサビリティ法を適用していないので、どこで生まれて、どこで育ったかがわからない。輸出国側の基準でしか安全が保証されていないのが輸入肉である。

したがって、BSEの牛肉も豚コレラの豚肉も、日本に絶対入ってこないという保証は何もない。ただ、相手国の良心を信じるだけだ。

豚コレラ

豚にとっては最悪の病気で、豚コレラウィルスの感染でおこる急性熱性敗血症である。死亡率ほぼ一〇〇%で、豚コレラにかかると養豚農家は手のほどこしようがない。

いい豚肉を生産している鹿児島県で、二〇〇四年三月、一つの農場から豚コレラウィルスの抗体が検出された。豚コレラウィルスの抗体が検出された豚は白豚で四〇頭。抗体が検出されるきっかけになったのは、食肉センターに出荷された豚を調べていて発育不良の六頭に肺や腎臓から出血していたことからである。母豚が受けた豚コレラの予防接種で抗体ができ、乳を通して子豚に入る可能性も高い。感染の有無が確認できないので、食肉センターはこの豚と一緒に処理した豚肉の販売をしないように要請した。また、抗体が検出された養豚場から半径三キロ以内の養豚農家に、豚の移動をしないように要請もしている。このように、豚コレラは食肉センターでベテラン職員の目によって発見され、大事に至らないことが多い。

予防のためには、生ワクチンを計画的に接種することが大切である。皮下や筋肉に接種したワクチンは、三〜四日後には免疫がつくられる。この状態で二〜三年は大丈夫とされている。

豚コレラワクチンを接種した豚の肉は大丈夫なのか？　ワクチンをしてすぐ食肉になるわけではないので心配ない。また、豚コレラウィルスの抗体を発見すれば、今回の鹿児島の例のように処分してしまうので、豚コレラワクチンの残っている豚肉が売られることはないはずである。だから、検査さえシステムに基づいてやっていれば、市場に出まわっている豚肉は大丈夫というわけだ。もちろん熱を通して食べることは必要である。豚コレラは人に感染することはないといわれているが、ウィルスの未知なる世界は深いので、「絶対」といいきることはできない。

豚コレラはウィルスで汚染された豚の排泄物から、あるいは汚染された飼料、水などを摂取することによって感染する。豚コレラの発生した国から汚染された稲ワラを輸入して飼料にしてしまったりしたら、そこから感染することになる。これまで輸入先の国で豚コレラが発生したため稲ワラの輸入を禁止したことが何度もある。

ウィルスは、リンパ組織、特に扁桃《へんとう》で増殖、血管の細胞や脾臓《ひぞう》を経て、体中の臓器を破壊していく。増殖したウィルスは、鼻汁やよだれ、そして糞や尿を通して大量に排出される。拡散したウィルスはエサを通してまた豚に入っていくわけで、一度感染すると、大規模養豚であればあるほど、ウィルスの拡大は速い。豚の初期症状は発熱や嘔吐だが、歩行困難や起立不能になって、やがて死亡してしまう。この間七日から一ヵ月あまりである。

細菌性豚丹毒《たんどく》(急性敗血症型)、寄生虫によるトキソプラズマ病など、この豚コレラに類似した病気もたくさんある。

豚丹毒は、かつて人間に多かった丹毒に似ていることから、その関連を気にする人もいる。最近ほとんど見られなくなっていた人間の丹毒の症例が増えているからである。

また、豚コレラに類似した豚の新しい病気が新しく世界中で発生していることも気になるところだ。

世界中の肉類総生産量の約一％を輸入している日本は世界一の食肉輸入国だ。それだけに、世界の家畜たちに起きているさまざまなことは、そのままあなたの食卓に起きる可能性がある。

「人間にもっとも近い臓器を持って、人に肉を提供するためだけで生きている豚のことを思えば、異国の豚や異国のエサを食べさせられている豚の肉を食べてはいけない。それぞれの国にそれぞれの肉食があるはずだ。日本でだって、鹿児島と埼玉では、豚が違うでしょう」

ドングリの林の中でドングリの実を食べさせ、放牧しながら四〇頭の豚を飼う鹿児島の鈴木望一さんの言葉が、これからの養豚、豚肉のあり方を指し示しているような気がする。

口蹄疫

牛や豚、羊など蹄が割れている動物の感染症。口や蹄《ひづめ》に水泡ができるので「口蹄疫《こうていえき》」という名がついている。

家畜伝染病の中では伝染力が強力で恐れられている。口蹄疫はウィルス性の病気で、ウィルスが出す毒素は冷凍保存の筋肉中でも生き続けているといわれる。万一、感染肉が冷凍で輸入されていたら、口蹄疫のウィルスはそのまま日本にやってくることになる。

このウィルスは、主に気道から侵入し、咽頭部で増殖する。そこから体内に広がり、特に臓器を食い荒らしていく。感染した家畜の糞や尿を伝わって、飼料を汚染したり、人が接することで伝染していく。動物は、口蹄疫になると、口や蹄や乳房に水泡が出て、崩れて痛そうにする。そして、発熱し、よだれを垂らし、歩行障害、流産などの症状も出る。子供の動物の場合は死亡することもある。人への感染はあまりない。感染した場合には、動物と同様に口や手足に水泡ができ、痛みが出てくる。口蹄疫に感染した家畜の肉を人が食べて口蹄疫になった例は今までにない。口蹄疫の発生していない国は、北米大陸とイタリアを除く欧州、オセアニア、そして日本だけ。地図を広げて見ると、かなり広い範囲に口蹄疫は広がっている。

最近の例では、日本の隣の国韓国で二〇〇二年五月に発生した。その二年前（二〇〇〇年三月）にも韓国で牛の口蹄疫が見つかり、日本は豚肉などの輸入を禁止していたが、済州島産の豚肉にかぎり、口蹄疫の清浄国と判断して輸入禁止を解除した直後に、豚の口蹄疫が再発したのである。当然韓国からの豚肉は輸入禁止となった。

そんな中でも年々輸入豚肉は増加している。一九九七年に五一万トンだった豚肉の輸入は、二〇〇一年には七七万トンを超えた。韓国から二年間も輸入を禁止していても、他国に輸入先を変えているからだ。着実に輸入量を延ばしているのはアメリカで、二〇〇一年の輸入量は二四万トン。輸入先のトップで全体の三四％を占めている。それにデンマーク（二一万トン、三〇％）、カナダ（一五万トン、二二％）が続いている。これらの国は今のところ清浄国だが、いつまでも口蹄疫が発生しないという保証はない。

口蹄疫ウィルスに対しては、どこの国でもワクチン使用が認められている。日本では、国内で口蹄疫が発生した場合、まず殺処分で防疫する。急速に病気が拡大しそうな時には、発生地周辺の家畜にワクチンを接種して防ぐことにしている。ワクチンは備蓄されている。

海外で口蹄疫が発生すれば、すぐに発生地域からの家畜や肉など畜産物の輸入を禁止し、まず国内の家畜に口蹄疫が感染しないように、水際で防ぐ方法をとっている。

豚E型肝炎ウィルス

E型肝炎ウィルスはインド、アフリカ、中国大陸などに生き続けているウィルスで、人間も免疫のない若い人が感染することがある。特に妊娠した女性が感染すると、やや高い死亡率を示すといわれている。先進国にはほとんど存在していない。インドなどに旅行して感染し、発病することが時にある。

知らない土地へ行ったら生水を飲まないようになどと昔の人はよくいっていたものだ。その土地で生まれ育った人間はその土地のウィルスとも共存してきた。ところが、外国からきた人は出会ったこともないウィルスを成人してから体内に入れるわけだから、免疫がなくて、不幸にして発病することもある。

潜伏期は平均四〇日ほどで、発病後一四、五日まで便中にE型肝炎ウィルスを排出する。死亡率は一～二％。このウィルスは熱にとても弱いので、熱を通せば大丈夫だ。日本の場合は、上下水道が完備しているので、飲料水にE型肝炎ウィルスが入っている心配はない。発生国などに旅した時には、よく手を洗い、調理器具や調理場など洗浄に気を配ることが大切である。

E型肝炎は一九九〇年代に入ってから世界中で注目されている感染症の一つである。人から人への直接感染はないといわれているのに、E型肝炎発生国へ旅したことのない人からE型肝炎ウィルス抗体が検出されることが各国から報告されるようになった。人以外の動物がE型肝炎ウィルスを持っているのではないかと疑われた。

そして疑いの目は、豚にかけられたのである。アメリカで急性E型肝炎の患者のウィルスを豚に実験的に感染させたところ感染したのであった。その一方で、豚E型肝炎ウィルスがアメリカで見つかった。人のE型肝炎ウィルスは世界中に分布し広がっていることもわかってきた。しかし、人から実験的に豚に感染させたE型肝炎ウィルスと、豚のウィルスは、とても似ているが別のものであるということまでわかってきた。

この似たもの同士のウィルスがお互いに動物と人の間を行ったり来たりしている間に、新しいウィルスが生まれないという保証はない。

二〇〇四年八月、誰もが気にしていた豚のE型肝炎ウィルスによって北海道で一人死亡するという事件が起きた。豚レバーの生焼けが原因であった。豚肉はしっかりと焼いて食べることが大切である。まちがっても、生の豚レバーなどは食べないようにしたい。

●グローバル化する狂牛病の恐怖

BSE（牛海綿状脳症）とは

牛の脳がスポンジのようにスカスカに冒されてしまう病気である。発病すると脳の神経細胞が空胞《くうほう》化して機能不全となり、行動に異常が見られたり、歩けなくなって、よろけてしまったりする。発病後二週間から六ヵ月で死んでしまうといった恐ろしい病気である。感染から発病まで二年から八年と潜伏期間が長いため、新たな感染を生むことになってしまう。

牛の脳がスポンジ状（海綿状）になってしまうことから、日本語訳では、ＢＳＥを「牛海綿状脳症」と呼んでいる。「狂牛病」という俗称はイギリス農民がつけたものだ。

この病気ぐらい、わからないことだらけのものはなかった。病原体がウィルスでも細菌でもないからだ。

脳内細胞膜たんぱく質が凝集し、「プリオン」という物質が病原体になるというところまでわかってきた。プリオンはウィルスよりも小さくて、どんな原因で病原体になっていくのかよくわかっていない。なんらかの原因でプリオンに異変が起き「異常プリオン」となって、神経細胞を冒し、脳細胞を破壊していく。

このように異常プリオンによっておこる病気を「プリオン病」と称している。羊を宿主にしたものは「スクレイピー」、牛を宿主にすれば「BSE（牛海綿状脳症）」、そして、人間になれば「クロイツフェルト・ヤコブ病」と分類される。

プリオン病には今のところ「感染性プリオン病」と「遺伝性プリオン病」とがある。どちらも経口や接触によって感染する力を持つ。

やっかいなのは、異常プリオンがきわめて抵抗力が高いこと。消毒、滅菌などによって異常プリオンを殺してしまう力を持った薬が見つかっていない。高い温度で焼却するしか今のところ方法がないのである。

日本でBSEが発生した当時のことを思い出していただきたい。危険性があるので、原因や実態が明らかになるまでは、すべての内臓や骨を市場に出回さないことにした。BSEに関連していた牛肉はもちろん廃棄処分した。捨てればいいというわけにいかないのが、BSEの恐ろしさである。高温焼却しか方法がないのだ。当時、高温焼却できる処理場は数も少なく、どこも満杯になってしまっていた。

市場に出ない肉以外の内臓や骨、血液などは、砕いて乾燥して粒状や粉状にする。これを「肉骨粉」と呼び、家畜や魚の飼料や肥料になって売られていた。この肉骨粉がBSEの原因らしいとわかってくると、肉骨粉そのものを、流通に乗せないで処理しなければいけないことになった。

「肉骨粉がBSEの犯人か」——。さまざまな意見が学者や行政、業界の間で議論されたが、いまだに、BSE感染牛の肉骨粉が一〇〇%BSEの原因だという結論が出たわけではない。だが、肉骨粉を飼料にしたことがBSE発生の大きな原因だということでは、世界的に見解が一致している。そこに行くまでには、長い時間を要した。

こんな風景を見てびっくりしたことがある。群馬県前橋市の赤城山のふもとにある県有地に、青いシートでしっかり包まれた袋がびっしりと並んでいた。同じ袋をいっぱい積んだトラックが次々と入ってきては降ろしていく。トラックの運転手さんとその荷を整理する人たちは、重い口を開いて、「これ、例の肉骨粉ですよ。焼却できるまで、ここで待つのです」と教えてくれた。

プリオンは、煮ても焼いてもなかなか死なない。だから高温焼却しかない。

現在、報告されているプリオン病になった動物には羊、山羊、牛、鹿、ネコ、ミンクなどがいる。羊は母子感染で、他はすべて経口感染である。つまり飼料が感染源というわけである。経口感染だから、プリオン病に感染している牛肉を食べて人間にクロイツフェルト・ヤコブ病が発生したという見方が世界的に確実になってきている。

プリオンって何?

プリオンという名前は、一九九七年ノーベル医学生理学賞を受賞したスタンリー・プルシナーさんがつけたもので、日本語に訳すと「感染性を持ったたんぱく粒子」ということになる。「プリオン」と一語でいってしまうが、これには正常なものと、感染性を持った異常なものがある。正常なプリオンたんぱくは二四五個のアミノ酸が連なってできている。つまり、健康な動物にもプリオンたんぱくは存在している。病気を起こすのは、異常なプリオンたんぱくだけである。このプリオンたんぱくはいろんな臓器に存在しているが、一番多いのが脳であるということが研究によってわかってきた。

しかし、なぜ動物にはプリオンたんぱくが存在しているのか、それは、どんな働きをしているのか、今のところわからない。本当にわからないことが多すぎる。

普通に生きていれば、プリオン遺伝子は正常なプリオンたんぱくだけをつくっているはずなのに、異常プリオンをつくってしまうことがあるわけだ。

細菌やウィルスは、体内に入るとどんどん増殖してヒトや動物を最悪時には死に至らしめる。異常プリオンそれ自身は、細菌やウィルスのように増殖していくことができない。しかし、脳に異常プリオンが侵入していくと、もともと脳にある正常なプリオンをどんどん異常に変えていってしまうといった恐ろしい力を持っているのである。なぜ、どうやって、正常プリオンを異常プリオンに変えてしまうのか、その過程は全くわからない。その上、異常プリオンはたまっていき分解しないという不思議な物質でもある。

ＢＳＥに感染した牛の内臓物などが混入してしまった肉骨粉を食べた牛が、次々とＢＳＥになって広がっていった。つまり、ＢＳＥは食物連鎖によって世界中に広がったわけだ。現在わかっているのは、ＢＳＥは肉骨粉を介して感染するのであって、生きている牛から牛、牛から人へと感染していくわけではなく、異常プリオンを含んでいる牛肉や内臓を食べることで人へと感染していくことだ。

ヒトプリオン病

ヒトプリオン病（人間がかかるプリオン病）、いわゆるクロイツフェルト・ヤコブ病（略称ヤコブ病）は発症の仕方により大きく分けて三つになる。

①家族性（遺伝性）＝ヒトプリオン病の中では、きわめて少ないが、プリオンたんぱくをつくる遺伝子がなんらかの原因で異常を起こすもの。

②孤発性＝ヒトプリオン病の多くがこのタイプ。発見者の名前をとって、クロイツフェルト・ヤコブ病（ＣＪＤ）とも呼ばれている。ＢＳＥが原因で起こされた変異型クロイツフェルト・ヤコブ病（ＶＣＪＤ）と同一視する考えもあるが、これ自体は、ＢＳＥ発生以前から世界で発見されている。発生率は一〇〇万人に一人というごくまれな病気である。

③感染症＝移植などによって感染し、発症する。日本でも感染した脳の硬膜を輸入して、それを使った多くの人がクロイツフェルト・ヤコブ病になってしまった。患者やその家族たちが国や企業を相手どって訴訟を起こしている。海外では角膜や脳下垂体からとった成長ホルモンによって感染した例もかなりある。また、移植でなくとも、脳や眼球に触れ感染したと見られる例も報告されている。

ＢＳＥが原因で発生しているヒトプリオン病は「変異型クロイツフェルト・ヤコブ病（ＶＣＪＤ）」と、もともとある「クロイツフェルト・ヤコブ病（ＣＪＤ）」とに分けられる。ＶＣＪＤをこのように特別に分けていることは、国の壁をなくし、種の壁を崩した、近代世界の食物連鎖が引き起こした病であることを示している。

長い間、地球上の動物はそれぞれ自分の種の病を持ってきたが、人間はその境界を破ってしまった。同じように見えるプリオン病も、その原因をしっかりと見つめ、正常プリオンとして沈静させていかなければならない。悪魔のような食物連鎖の扉を開いたのが人間なら、それを断ち切るのも人間でなければいけない。科学者たちは、その願いを込めて、ＶＣＪＤと命名したのであろう。

羊のプリオン病から牛のBSEへ

ＢＳＥはイギリス生まれだ。イギリスには一八世紀頃から羊のプリオン病（スクレイピー）が発生していた。動物のプリオン病では、おそらく一番早く発見された病気であろう。牛のＢＳＥにとてもよく似たスクレイピーは、羊の脳組織をスポンジ状にし、歩行困難、立ち上がり不能、そして死亡させてしまうといった病気である。

この羊の異常プリオンがどこかで牛の体内に侵入しＢＳＥを発症させたという見方が確実になってきている。イギリスでは、羊の肉骨粉を牛の飼料に混ぜて与えていたからである。

では、なぜイギリスは牛の飼料に羊の内臓を混ぜてしまったのだろうか。

イギリスはやせた土地で、その上国土が狭い。そのため家畜に与える植物性たんぱく源をまかないきれなかった。また、効率よく短い時間で肥らせるためには、動物性たんぱく質を与えた方が効果を上げることができる。そんなことから、人間の食べかすである動物の残渣《ざんさ》（骨や内臓など）を飼料化することを研究し、開発したのである。イギリスばかりでなくヨーロッパ中で、一九二〇年代から羊、牛、豚のクズ肉、内臓、骨などを加熱し乾燥させて肉骨粉にし、飼料にしている。

スクレイピーに感染した羊のクズ肉や内臓も、こうして飼料になって、牛や豚の体内に入っていったのではなかろうかといわれている。草食動物の牛や羊、豚は本来ならば肉は食べない。肉を食べるのは肉食動物だ。その草食動物に動物の残渣を与え、その生物が生まれながらに持っていた食性を変えてしまったのが人間である。ＢＳＥは、考えてみると、家畜たちの人間への復讐であり、同じ動物としての人間への警告であるという気がしてしかたがない。

イギリスの「クズ肉」ＭＲＭ

ＶＣＪＤがＣＪＤと最もちがっているのは、ＶＣＪＤは二〇〜三〇代の若い人に集中的に発症しているということである。なぜ若い人かということは不明である。食べものが高齢者とちがっているとか、新しい時代の化学物質を含んだ食べ物をとっているからといった食物原因説と、免疫がないといった免疫説がある。

食物原因説を主張する人たちには、ＭＲＭといわれる機械的回収肉を原因にあげる人が多い。

MRMとは、骨にはりついた肉などをけずりとったクズ肉のことである。肉と一緒に脊髄《せきずい》も混じってしまい、それをミンチにしてハンバーグなどにしていた。肉と比べるととても安いので、肉加工製品によく使われている。当然、食べ盛りで金のない若者たちは、ハンバーガーなどMRMを使った肉加工製品を食べてきた。その結果、若者にVCJDが発症しているのではないかというわけだ。

BSEが世界で最初に発見され、VCJDも発症して、BSEが人間に感染することを世界に訴えたイギリスで最も問題視されたのは、このMRMであった。

一九八〇年代のイギリス経済はひどいものだった。不況の嵐が吹き荒れ、解雇者が増出、中でも若者の失業者が町にあふれていた。この人たちは、食べるものにも事欠いていた。

VCJDで亡くなった人が失業経験者だったかどうか、といったデータなどない。しかし今、一〇〜二〇代の若者の約二人に一人が年収二〇〇万円以下のフリーターである日本で、吉野家などの安い牛丼がなくなった時に起きた異常な騒ぎと重ねて考えざるを得ない。

当時、イギリスでも職のない若い人、収入減やローンに追われる子育て世代がクズ肉を食べていたのも当然だと思われる。

イギリス政府は、VCJDの死亡者が増えたのをうけ、一九九六年にMRMを禁止した。日本には、もともとMRMというものはない。しかし、輸入の冷凍肉加工製品にはあった。今はわからない。そして、成型肉とあいまいにいっている輸入加工肉の中には、MRMに近いものも多いと思われる。

二〇〇四年、日本ではついに一九八〇年代にイギリスに滞在した男性がVCJDで死亡し、日本政府は一九九六年以前にヨーロッパに旅行した人たちの献血を禁止した。献血を禁止することは、血液がいかに危険かを物語っている。

二〇〇二年にはアメリカ・フロリダ州の女性がVCJDになっている。この女性についてアメリカ政府は、わざわざ「英国で生まれ育っているので、英国ですでに感染していた。国内(アメリカ)で感染した例は確認されていない」と発表した。日本人も、MRM禁止以前にイギリスでそれを食べていれば、絶対にVCJDにならないとはいいきれないということになる。

MRMが日本にやってきていないともいいきれない。私たちはこうした他国の危険が日本にすぐにやってくるような世界になってしまったことをきちんととらえ、対処していかなければならない。

免疫説とはどのようなものか

免疫とは、体内に入ってくる異物をすみやかにキャッチして排出しようと働く力である。人によってその力の程度はちがうし、大人と子供でも大差がある。発病する年齢がこの免疫によってちがってくる病気もある。アレルギーの説明にはよく大人と子供の免疫の違いがあげられている。

異常プリオンについても、さまざまなストレスから子供の免疫力が弱まっていると考える人もいる。異常プリオンに汚染された肉を子供の頃たくさん食べると、それを排出する免疫力が弱くて、二〇代になってVCJDが発生する(発生までには時間がかかる)のではないかというわけである。

また、大人になってからBSE汚染肉を食べて異常プリオンを体内に持っているが、免疫力が強くて発症はしてない母から生まれた子供が二〇代になって発症したと考える人もいる。いずれも、ＶＣＪＤになった人が若いことからの推測である。

異常プリオン病は、これまで人類が経験してきたような単純な病ではない。一筋縄ではいかない不透明な病原体である。そのことからすれば、この二つの説は、どちらも当たっている気がする。二つが複雑にからみあって発症しているのかも知れない。

実際、イギリスの統計を見ると、ＭＲＭを禁止した一九九六年から五年後の二〇〇〇年には、ＶＣＪＤの死亡者数が初めて減少しはじめている。以後、年に三〇％ずつ減ってきた。その一方で、確実に減少していたＢＳＥが再び発生上昇傾向を見せているのがとても心配である。

イギリスに留学経験もあり、自ら医者である池田正行さんは『食のリスクを問いなおす』の中で、とても冷静な科学者の目で、こう分析している。

「英国ではＶＣＪＤの免疫調査をしているが、特に肉をたくさん食べていたという傾向はない。また、職業に関しても、農場や食肉関係の仕事に就いていた人が多く発症している、といったデーターもない」と、患者には共通項が見つからないといっている。

その一方で、「地理的に大きな偏りがある」と指摘している。「英国内でＶＣＪＤは、北へ行けば行くほど頻度が高くなる」と。そして池田さんは仮説を立てている。

「ＢＳＥが大流行していた時期のスコットランドの経済状態と関係があるかもしれない。当時のスコットランドは、南部のイングランドよりも貧しく、失業率も高かった。そのため、普通の肉が買えず、機械的回収肉（ＭＲＭ）をたくさん含んだ安い肉しか食べられない人が多かったとしたらどうだろう」

少しずつではあるが、異常プリオン病の正体に近づきはじめていることがわかる。

「羊のスクレイピー（プリオン病）は昔からあった。けっして人にはうつらないはずだ」

イギリス人と結婚した田村美代子さんは、こういい続けている。「その証拠に、スコットランド地方では、数々ある羊の内臓を腸詰めにした伝統料理をずっと昔から食べ続けてきた。それでも人間は、変異型クロイツフェルト・ヤコブ病（ＶＣＪＤ）にならなかった。羊と人間の間には『種の壁』があるから、移るはずがない」というわけだ。

医学者として四〇年もイギリスに住み続けている彼女は、自分のまわりにはＢＳＥ牛を「神の使い」と呼ぶ人がいるほど不思議な存在であると前置きをして、科学者や市民の間で議論されていることを話してくれた。

「神の使い」とは、日本でいえば昔からよくいわれている「神の御告げ」とか「神の啓示」に近いという。つまり、羊のプリオン病が牛に移ったり、牛のプリオン病が人に移ることは、自然界の掟ではあってはいけないことであった。これを人間は「種の壁」と呼んでいた。その壁が崩れたというわけだから、ＢＳＥ牛を「神の使い」として、ＢＳＥ牛の語ることに耳を傾け、何を訴えているのか聞くべきだということである。

「少なくとも、私はイギリスへきてから羊の腸詰めが好きでよく食べてきた。羊の内臓を食べる食文化はずっとある。だから、羊の内臓を食べたからプリオン病になったと短絡的に見てはいけないと思う。新しい病の発生には複雑な背景があることを、しっかりととらえていかなければいけない」

その背景を考える時の三つの柱を彼女は示した。一つは、病原体である異常プリオンを広めるものがあるということ。特に種の壁を崩すものがある。二つ目は、人間の体の防衛機能を奪ったり、弱めたりして、発病させるものがあるということ。そして、三つ目は、異常プリオンをより強めるものがあるということ。

イギリスの変異型クロイツフェルト・ヤコブ病（VCJD）は、社会システムの大きな変化によって、何かが引き金になって発生している。草食動物に与えてはいけない肉骨粉を食べさせることで種の壁を破り、異常プリオンに汚染されたクズ肉（MRM）を使ったファストフードが生まれていったようなことが、人間の異常プリオン病の重要ファクターになっているのではないかというわけだ。

イギリスの海綿状脳症諮問委員会の発表がある（一九九六年三月二〇日）。これまでとはちがったクロイツフェルト・ヤコブ病（CJD）にかかっている人を一〇人確認した、という報告だ。その人たちは、一九九四年から一九九五年の一年間にかけて発症している。それは、イギリスで初めてBSEが発生してから一〇年後のことであった。

これまでのクロイツフェルト・ヤコブ病とちがっている点は、大きく分けて五つある。

①脳の病変部に特殊なたんぱくがたまっていた。BSEのプリオンたんぱくと非常に似ている。
②二〇～三〇歳代と若い人ばかり。
③クロイツフェルト・ヤコブ病の特徴的脳波が見られない。
④うつ状態が見られて、痴呆症状とはちがう。

⑤発生から死亡までが長い。

その後、イギリスでは疫学研究や症例研究を続け、マウスを使っての実験を繰り返す中で、ＢＳＥとＶＣＪＤは切り離すことができないという結論が出た。

イギリスでは、その後もＶＣＪＤの患者が増加した。二〇〇三年八月現在一三九人が感染し、そのうち一三三人が死亡した。発症してから平均一年余りで死亡するといった恐ろしい病である。

全世界でさまざまな研究がされているが、残念ながら、今のところプリオン病に対する治療法は皆無だ。それどころか、研究が進めば進むほど、ＢＳＥについてはわからないことばかりが増えてくる。

世界食統一をもくろんだツケ

ＢＳＥは、研究していけばいくほどわからないことが多いので恐ろしい。感染経路にしても、だいたい肉骨粉をエサにしたからということになっているが、それだけでは決められない例も出ている。それは二〇〇四年三月現在、世界のメディアがつかんでいるだけでも一三例。フランス六例、日本、イタリア、イギリスの各二例、ベルギー一例で、いずれも肉骨粉を与えられていないのに発症している。これらの例は、人から牛へと感染したのか、牛から牛へか、母牛から子牛へか、自然発生的かなどなど、さまざまな推測を立てて研究されているが、いまだにわからないようだ。

同様に、クロイツフェルト・ヤコブ病も感染経路のわからない例が多い。ヤコブ病研究者の話では、これまで歴史的にあったヤコブ病と硬膜移植など医療行為によって感染した例以外の新種のヤコブ病が目立ちはじめているというのだ。

それらを一つ一つ検証していくと、「BSE感染牛を食べたのでは」という疑いに行きつくことが多いという。たとえば最近のヨーロッパからの研究報告を見ると、大ざっぱにいってクロイツフェルト・ヤコブ病患者のうちの二割弱はBSE感染の疑いのある牛を食べていることがわかった。ここでも、その感染経路はわかっていないが、特徴的なことは二〇代の若者中心に多いことである。

安価で、早く、簡単に食されている肉加工食品を食べている世代といいきれまいか。今、どこの国にもあるミートパイ、ハンバーガー、ホットドックを若者がほおばる光景が重なる。

かつては、それぞれの風土に合った、地場が育んできた食文化があった。肉食文化、菜食文化、粉食文化……と。ひとつの国の中にも、谷をひとつ越えれば、山ひとつ越せば、そこには特有の食べものがあった。そうした多種多様な食文化を築き上げてきたのが人間なら、それを一気に崩し、多種多用な食文化を同一化しようとやっきになっているのも人間である。「肉」という食材を武器に地球制覇をねらうアメリカの食肉業界を中心とした資本の行動は、まさにその典型である。

二〇〇三年八月、イタリアのシシリーで二七歳の女性がVCJDで死亡した。彼女はその一年前にVCJDと診断されたが、まだどこでBSEに感染したかわかっていない。イタリアでは二〇〇一年から二歳以上の屠畜牛のすべてを検査することになっており、BSE感染牛は一〇四頭発見された。VCJDはそのBSE感染牛を食べることで発症するとされてきたのだが、この二七歳の女性の場合は、BSE感染の危険部位とされる脊髄などからとる牛エキスなどで作られていた化粧品や加工スープなどが原因ではないかといわれている。

同じ頃、ニュージーランドで二六歳の男性がＶＣＪＤに似た症状で入院した。ニュージーランドでは、今のところＢＳＥ牛は一頭も発見されていない。一九九六年にイギリスでＢＳＥ感染牛が発見されたため、ニュージランドはイギリスからの牛肉関連の輸入を禁止してきたのだ。にもかかわらず、ここにきてＶＣＪＤの疑いのある若者が出た。彼の場合はそれ以前にイギリスから輸入されていた食品が感染源と見られている。

もうひとつ、怖い話をしましょう。スイスのチューリッヒ病院大学のヤコブ病研究チームがＣＪＤ患者の筋肉と脾臓《ひぞう》から異常プリオンを検出したという話である。異常プリオンが筋肉に存在することはあり得ない。つまり、手術具を通しても、ＣＪＤが感染していく可能性があるということがわかったのである。

今のところ世界で五例の報告がある。

「筋肉の手術でＣＪＤ伝達があり得ることが、微小であっても解明されれば、それは恐ろしいことになる。こうした医療行為でＣＪＤに感染されていくとすれば、家畜、牛の解体のあり方も考えていかなければならない。これまで安全とされていた部位が危険になったりするわけだから」

カナダのヤコブ病研究チームは、「不明なことの多いＢＳＥ」に関しては、情報を世界的に公開しながら、危険の高いものは、食べない、輸入しない、輸出しないことが第一といっている。

原因のはっきりしない弧発性ＣＪＤが世界的にも急増しているのも事実である。

イギリスでは一九九〇年初めは毎年三〇件ほどだったのが、二〇〇一年には七〇件、二〇〇四年には八〇件に増えた。アメリカでは一九九八年には四四件だったのが、二〇〇一年には一三八件に。日本も一九九九年の八二件が、二〇〇〇年には九一件、二〇〇一年一二四件、二〇〇二年一三八件（厚生労働省）と上昇している。届出が正確になったせいかもしれないが、増加傾向にあるといえる。いろんな原因はあるだろうが、肉食を中心とした食生活のことを考えないわけにはいかない。

弧発性CJDはBSE感染とはちがう、といいきる人も多い。世界のヤコブ病やBSEの研究報告を見ても、「これまでの弧発性とはちがう脳症。だからといってBSEの異常プリオンは検出されない。不思議な脳症」という意見が多いのも気になる。

特定危険部位とは

日本ではBSE発生以降、いろんな問題はあったが、「全頭検査」を実施している。食肉になる牛は全部BSEに関する検査をうける。

BSEは潜伏期間がとても長い。その間、BSEの正体とされている異常プリオンがひそんでいる可能性が高いところを「特定危険部位（SRM）」と国際獣疫事務局（OIE）は定めている。それは、脳、目、脊髄、腸全体（小腸、大腸）である。この危険部位はすべて取り除くことにしている。

日本政府はアメリカのいい分に押され、輸入再開に合わせて、二〇ヵ月以下は検査なしの体制をつくった。しかし、日本では二例、若い牛にBSEが発生している。異常プリオンが、若いと発見しにくいだけで、「安全」という理由は見つかっていない。これまで通り全頭検査をする県が圧倒的に多い。

図表6　日本のBSE検査の流れ

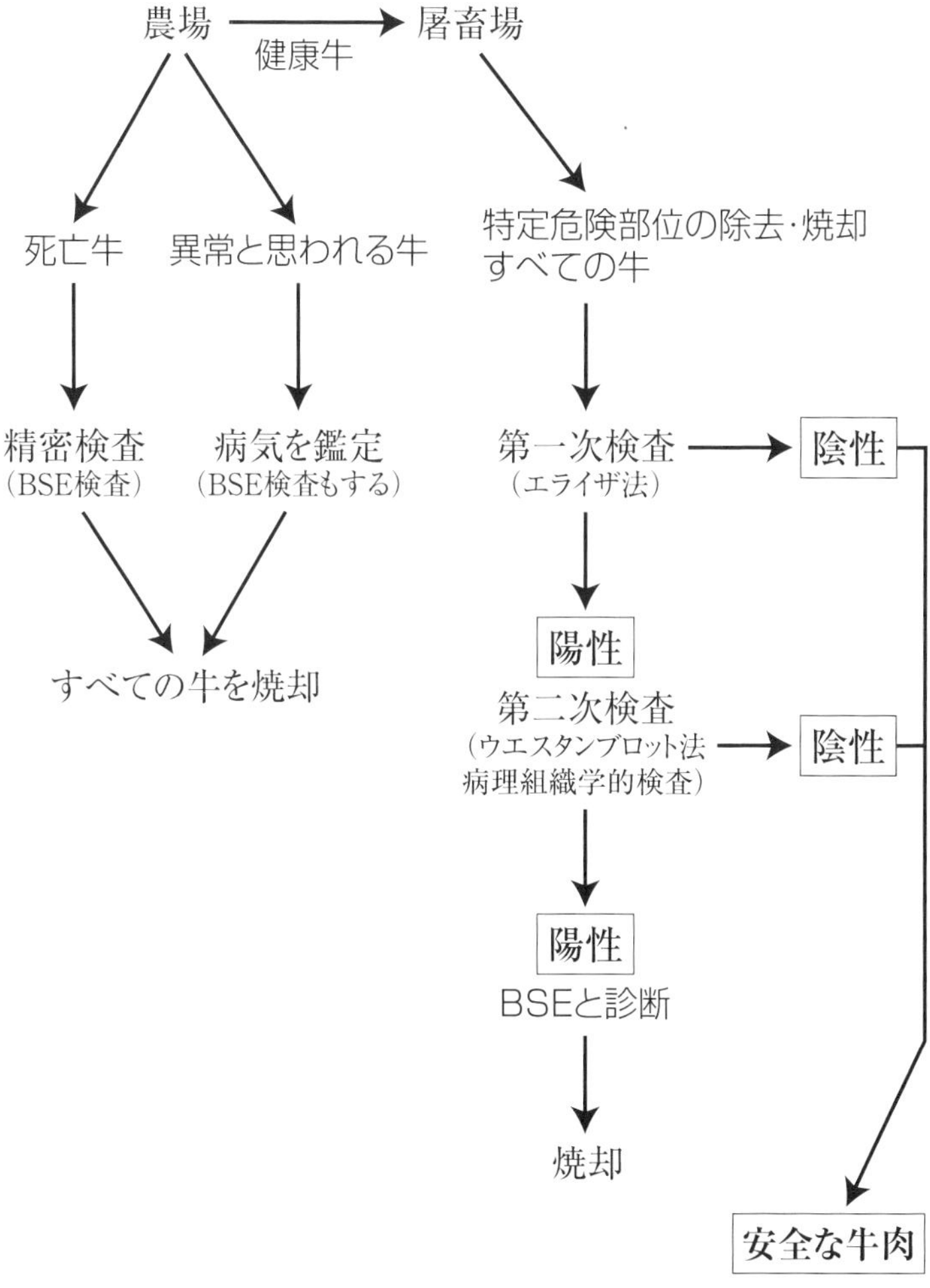

そして、ＢＳＥが発見されたら最小限の被害でくい止められるよう、牛のトレーサビリティ法を施行させた。一頭一頭の履歴をしっかりさせたのである。当然、ＢＳＥの最大の原因とされる肉骨粉も飼料にすることを禁止している。

制度や仕組み、法律がしっかり守られていれば、日本の牛肉が今のところ、世界で一番安全といえよう。だから、信頼できる検査体制がない、豚や鶏の飼料にまで肉骨粉を与えているなど、不安材料ばかりのアメリカ牛の輸入開始は、何をおいてもしてはいけなかったのだ。

安全な肉を確保していくためには、業者に現行の法や仕組みを守らせていかねばならない。その力を持っているのは生活者だ。

肉骨粉禁止

イギリスでは一九八六年に世界で初めてＢＳＥが発生した。次々にＢＳＥに感染した牛が見つかる中で、イギリス政府はその原因を肉骨粉をエサに混ぜて食べさせたことと断定し、二年後には肉骨粉を与えることを禁止している。

だが、ＢＳＥの潜伏期間が長いため、それからも次々とＢＳＥ感染牛が出てきた。一九九〇年頃からイギリス全土でＢＳＥ発生数は急上昇し、一九九二～九三年には月三〇〇〇頭ぐらいずつ、年間四万頭弱にまでなった。

しかし、その後、発生は下降線をたどり、二〇〇〇年代になってからは、限りなくゼロに近づくかに見えた。肉骨粉禁止の効果があったように思えたのである。ところが、二〇〇三年一一月二〇日、新たにBSE牛が見つかった。この牛は肉骨粉禁止以後に生まれたのである。その後、北アイルランド、イギリス本土でもBSE牛が確認されている。

肉骨粉全面禁止でイギリス全土からBSEは消滅させられたかに見えた。それなのに、BSEに汚染されていると見られていた肉骨粉を食べていないはずの牛がBSEになっていった。「肉骨粉を全面禁止したのに、まだ、どこかに原因がある」と、イギリスの科学者たちはBSEの得体の知れなさに大きなショックを受けた。

イギリスの海綿状脳症諮問委員会は確実に新しい段階に入ったBSE感染牛の実態を重く見て、さまざまな仮説を立てて調査を開始したが、その結果として出てきた最も有力な説は次のようなものだった。

イギリスで禁止された肉骨粉は国内にだぶつき、大量の肉骨粉がヨーロッパなど各国へ輸出されていった。二〇〇一年一月一日まで肉骨粉が全面禁止されなかったヨーロッパ大陸では、肉骨粉を自由に貿易できたはずだ。これがヨーロッパにBSEを拡大することになった。そして、あっちに行ったりこっちに行ったりしていた肉骨粉が、ヨーロッパ大陸の飼料にまぎれこんで、イギリスへ輸入された…。

飼料もまた国の壁を破り、無国籍になっているのだ。イギリスの教訓は日本にも自給飼料確保の重大性を突きつけてくる。

さらにまた「生まれた牛は肉骨粉を食べていなくとも、その母牛や父牛がBSEのキャリアの場合にも、ＢＳＥ感染牛が現れるかもしれない」という推論も出され、多方面で研究されはじめている。

5

アメリカの肉は心配ないか？

●アメリカのBSE汚染

日米BSE対策のちがい

「BSEに感染した牛は、アメリカにこそ多い」とささやかれていたことが現実になった。二〇〇三年暮れ、「アメリカにBSE発生」のニュースが流れ、「やっぱり」と思われる人が多かったに違いない。アメリカはBSEの検査をほとんどしていないことが「発見」を遅らせているだけということの証明されたニュースであった。

「アメリカには、BSE感染牛がウヨウヨいる」

「BSEに感染してクロイツフェルト・ヤコブ病になって苦しんだ人がかなりいる」

「ファミリーレストランで牛肉を食べ続けた人たちに、ヤコブ病らしい症状が出ている」——。

そんなニュースがインターネット間を飛び交う。電車の週刊誌の中吊り広告にも大きな字で並んでいる。

「本当にアメリカの牛肉ってBSE感染牛なの?」

「輸入中止しているから大丈夫だろう」

「でも、解決して輸入されると思うよ」

図表7　日米のBSE対策のちがい（現行）

日　　本	アメリカ
全頭検査。	一部抽出検査。 (屠畜ベースで0.55%)
すべての牛の特定危険部位の除去・焼却。	30ヵ月齢以上の牛の特定危険部位の除去。 すべての牛の腸と扁桃《へんとう》の除去。 焼却しない。
24ヵ月齢以上の死亡牛の検査。	死亡牛の検査はしない。
肉骨粉飼料利用の全面禁止。 牛や羊など反芻《はんすう》動物の肉骨粉の焼却処分。	牛の肉骨粉飼料を豚や鶏に使用。 肉骨粉焼却処分なし。

アメリカからの輸入解禁に合わせて、全頭検査から20ヵ月齢以下の牛を除外するようになる。だが、県独自で全頭検査を継続するところが多い。

こんな会話を何度も聞いた。

アメリカは広い国だ。しかも、農業規模の大きさと構造の複雑さは類を見ない。そんなアメリカの牛に今なにが起こっているのか、私たちはほとんど知らされていない。その上、畜産業者は政府に多額の献金をして、アメリカの食肉行政をコントロールしている。日本はそんなアメリカから、最も大量に食肉を輸入をし続けていた。

そして、日本は、「BSE感染牛がウヨウヨいる」アメリカから、その危険な影を気にしながらも、輸入解禁に踏み切った。日本の食品安全委員会プリオン専門調査会は、日本と同じようにしっかりとしたトレーサビリティが確立されて、脳や脊髄などプリオンが集まりやすい特定危険部位（SRM）が取り除かれるといった条件が保証されている二〇ヵ月以下の若い牛なら、その危険性は「日本と同じくらい」といっている。だが、日本と同じ条件はとてもアメリカでは保証できない。

たとえば、危険な肉骨粉は豚や鶏のエサになっている。これがいつ牛に入ってくるかわからない。屠畜前検査も自力で立ち上がれない牛ぐらいにしかしていないのが現状だ。髄液の除去も完全とはいいにくい。背割りで背中から切り裂いていく時、ていねいに注意深くしないと、脊髄を傷つけ、髄液が飛び散って肉が汚染される。超スピードのアメリカのやり方だと、とてもあぶなっかしい。そもそも、全頭検査はお金がかかるのでやらないというアメリカの姿勢を信頼しろというのが無理な話だ。

そんな危惧が当たってしまった。二〇〇六年一月二〇日、成田空港の輸入検疫で、輸入が再開されたアメリカ産牛肉から、除去を義務づけられていた特定部位の脊柱が見つかったのだ。政府はアメリカ産牛肉の輸入を全面停止した。

若い牛は本当に安全か

「若齢牛を検査の対象外にしても、特定危険部位を除去すれば安全だ」「若齢牛からはＢＳＥは出ていない」とアメリカ産牛肉輸入の道は開かれた。日本の科学者も、政治的な問題にことが進んでくると、いつものことで、「危険かも」といっていた人も「リスクは限りなく小さいから」とその大きな流れに呑まれていってしまう。

ＢＳＥの場合も、やっぱりといわざるを得ない。専門家の中から「イギリスではＢＳＥ感染牛が一〇〇万頭余りと推定される中で、一四六人の新型プリオン病患者の発生だ。だから日本では、一三頭のＢＳＥ感染牛を食べて新型プリオン病になる人は、おそらく一人も出ないのではないか」といった見解さえ出てきている。

異常プリオンが口から入って、脳へどう移り、そこにどのように蓄積され、発症されていくのかは、世界中どこでもわかっていない。プリオンの潜伏期間もわからない。それなのに、「若い牛にはＢＳＥ発生がない」「若い牛からは異常プリオンが検出されない」という理由だけで「大丈夫」といっていいのか。

埼玉県農民運動連合会の立石昌義さんは、長年ウィルスを検査してきた科学者として、「若い牛は検査しなくてもいいというのは、アメリカが若い牛を中心に食肉にしているのにあわせてのことだ。全頭検査と危険部位除去は、絶対に続けるべきだ。安易にアメリカ産牛肉の輸入はしないこと」と訴

図表8　食品安全委員会のしくみ

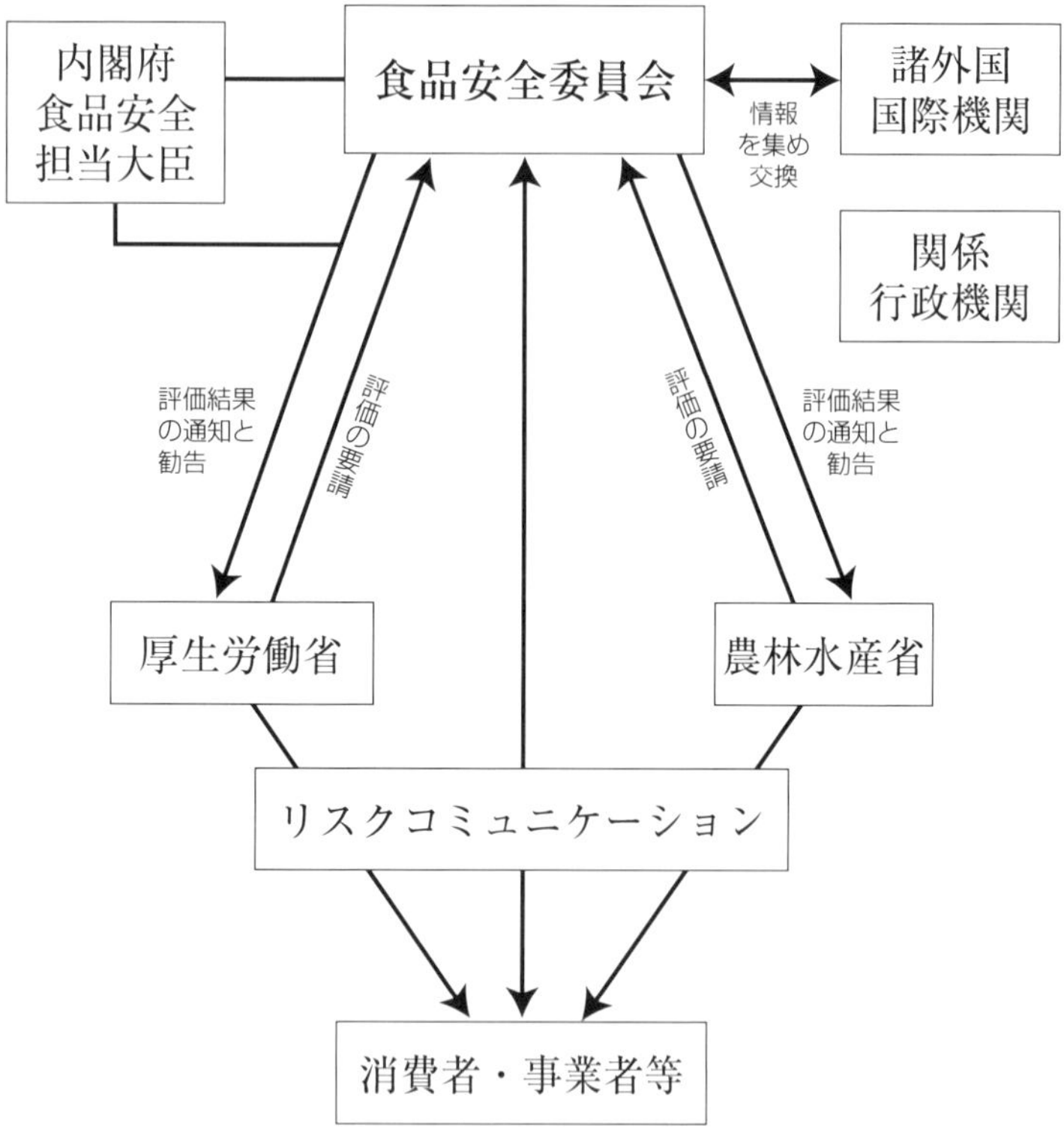

えている。

日本では若い牛はあまり市場に出ていないので、これまで通り検査されたものが出回ることになる。だが、外食用や加工用などは、アメリカからの若い牛肉のものが多くなるのは当然だ。アメリカ産牛肉の輸入再開後は、私たちはますます目をこらして、多少値がはっても検査済みを求めることだ。ニセ国産牛も出回るようになるかもしれないので用心しなくてはいけない。もちろん、アメリカ産以外の輸入肉にも気をつけたい。

ヤコブ病集団発症の謎

二〇〇四年、アメリカ北東部ニュージャージー州の小さな町で、クロイツフェルト・ヤコブ病で亡くなる人が相次いだ。その原因はBSE感染牛を食べたことだと地元メディアは報じた。この小さな町のショッキングなニュースは、インターネットを通じ、世界中をかけめぐった。アメリカでBSE発生後、輸入禁止を続けている日本列島にもこのニュースは流れてきた。

ニュージャージー州の問題の町は、ニューヨーク市近郊のチェリーヒル地区で、人口約一万一〇〇〇人の住宅街である。ニューヨークに住む友人の男性（六四歳）のレポートから、チェリーヒル地区で何がおきているかを紹介しよう。彼は農学を学んだ後、アメリカで免疫について勉強しているフリーの医療ジャーナリスト。二〇〇四年一〇月、私は日本に戻ってきた彼から直接話を聞いた。

「一度、あの町（チェリーヒル地区）に行って見た方がいい。日本でのニュースを見ていると『…といわれている』とか『死亡者数が多すぎるから、疑わしいのでは』なんていっているが、現地を見れば、背筋が寒くなってしまうから」

自分の目で見ていない私を批判するように彼はいった。

チェリーヒル地区で人々が異変を感じたのは、一九九〇年代後半からであった。突然のように異常に物忘れが激しくなって、やがて無口になり、うつ状態やヒステリックになるなどで、町医者を訪ねる若者が増えていた。

この町医者は、そうした患者をクロイツフェルト・ヤコブ病（CJD）と診断していた。そのことが表面に出てきたのは、一人の若い女性の死からである。

二〇〇〇年の春、彼女は突然倒れてペンシルベニア州立大学病院に入院、一ヵ月半で死亡してしまった。その母親が、「CJDと娘は診断されたが、とてもBSE（変異型クロイツフェルト・ヤコブ病＝VCJDのこと）に似ている」と自分で調べはじめたことから騒ぎは大きくなった。

CJDなら一〇〇万人に一人というほど発症率が低い。多くは六〇歳以上の高年齢者がかかり、神経を冒される難病であるこの病気は、遺伝や薬害、医療行為などによって発症される以外は、原因不明のことが多い。だが、娘はまだ二〇代。どう考えても一〇〇万人の一人のCJDではない。BSEの気がしてならない。母の思いはやがて恐ろしいことに行き当たる。

亡くなった女性の友人たちや医者も協力して、CJDで死亡した人やそれに似た症状で病んでいる人を訪ね歩いた。その結果、チェリーヒル地区だけで、一九九〇年代後半から約五年間にCJDと診断されて亡くなっている人が一六人もいたことがわかった。

一六人の家庭を訪ね、どんな生活をしてきたのか、何を食べ、どういう症状だったかなど聞き取り調査をした。その結果わかったことは、ほとんどが二〇～五〇代の若い人で症状はＢＳＥによく似ていて、単なるＣＪＤと異なるということだった。彼らはどこで、どんなものを食べていたのか。

亡くなった女性の友人が気になる情報を持ってきた。二〇〇三年春に相前後して亡くなった二人が「競馬場」に勤めていたというのだ。この「競馬場」が、何らかのカギを握っているかもしれない。競馬馬がＢＳＥに感染していることはないか。近くに牛肉を食べさせるところはないか。調査を進めていくうちに、今はすでにない競馬場だが、そこにはレストランがあったことがわかった。このレストランには、人気の「牛ステーキ」のランチメニューがあった。そして、なんと、亡くなった全員がこのレストランで食事をしたこともわかった。

「いつ自分もＣＪＤになるかわからない。あのレストランで、食事をしていたもの」と取材に協力してくれた人たちの多くは不安を語っていたという。

私の友人は、「一九八〇年代後半にも同じような症状で亡くなっている人がいたらしい。これからも発症する人が増えるのではないか」と話していた。

今、ニュージャージー州選出の上院議員（民主党）が米疾病対策センター（ＣＤＣ）に、「さかのぼって全体を調査し、一日も早く実態を明らかにして、早急に対策を」と求めている。

また、二〇〇〇年春に亡くなった女性の主治医だったペンシルベニア州立大学病院のピーター・クリーノ医師らは、死因をＣＪＤとしたが、年齢が若い、症状が少しちがうことなどから、疾病対策センターに彼女の脳を送っている。このサンプルはアメリカ国立プリオン病センターに回された。しかし、異常プリオンが検出されず、ＣＪＤでもないと診断されている。

ピーター・クリーノ医師らは「なぜ、ＣＪＤでもないのか」と疑問を残しながらも、多くを語らないという。どうしても、ＢＳＥ牛を食べて人間がＣＪＤになったことを隠し通したい。そんな圧力が、アメリカの科学者たちを沈黙させているとしか考えられない。

友人は何人もの科学者に会ったが、彼らはＢＳＥが人に感染したとしか考えられないこのチェリーヒル地区のきわめて恐ろしい事件に興味を示しながらも、コメントをしたがらないという。

そんな中で友人が印象に残ったことがあるという。チェリーヒルの患者の報告は、アメリカ政府に上げても、州の保健局へ戻されてしまうのである。まして、死者の脳サンプルなど、費用がかかるということもあって検査もしない。家族が解剖や検査を強く求めても、州の保健局へ回されるだけだという。チェリーヒルの集団発生についても、家族が強く要請した二人の脳しか調査されていない。不思議なことに、アメリカはＣＪＤの病理解剖データの開示も一九九五年でやめている。だが、アメリカのＣＪＤは一九九八年に四四件だったのが、二〇〇一年には一三八件に増加しているのだ。国家ぐるみでＢＳＥを隠そうとしていると考えられても仕方がないだろう。

今のアメリカはＢＳＥ牛が集団発症し人間のプリオン病が蔓延するという悲劇の前夜のような気がしてならない。

それでも、アメリカは牛の全頭検査やすべての牛の危険部位除去をしない。そんな国からの牛肉輸入再開を認めるなら、私たちは不買でしか安全を求められない。

アメリカの食肉加工から見えるもの

二〇〇四年夏、アメリカの食肉加工最大手のタイソン・フーズ社パスコ工場（ワシントン州パスコ）の労働組合代表メルキアデス・ペイラさんらが、来日した。タイソン・フーズ社は、BSEが発生する前までは、日本が輸入するアメリカ産牛肉の約四割を出荷していた。

彼らは、BSEで禁輸が続くアメリカ産牛肉の輸入再開を目前にして、日本の消費者や政府に対してタイソン社の食肉加工工場内がいかに危険であるかを訴え、食肉の安全規制を確立することを求めてやってきたのだ。

「安全な牛肉を安全な処理工場で――。そのためには、アメリカ産牛肉の最大の消費者である日本の消費者と生産者が求めている全頭検査など、日本と同様の処置をアメリカは実施すべきだ」

メルキアデス・ペイラさんとラファエル・アギラーさんはまずそう語った。巨大な米国の食肉工場のことを、あれもこれも知りたいと思いながら、時間のなさと言葉の関係で十分に聞くことができなかった。それでも、二人の話から米国産輸入牛肉がつくられている工場内は、恐ろしく危険な場所だと想像するに十分であった。

東京・芝浦の工場を見学し、そこで働く労働者と交流してきたペイラさんとアギラーさんは「タイソン・フーズ社の労働者と比べると芝浦は天国」と感想を一言。

その理由をほんの少し説明してくれた。一五〇〇人の労働者のいるタイソン・フーズ社では、一時間に三〇〇頭の牛を屠畜、解体している。一二秒で一頭である。「目の回るような速さで、次々と牛は肉になっていく」と、その速さを数字で説明した。

屠畜から肉として出荷されるまで、さまざまな工程を通っていくが、それを数字で表わすと、一工程に約四秒しかかかってないという。これに対して、同じ労働者数として計算すると、日本の芝浦では三〇〇頭を屠畜するのに、丸一日かかっていることになるという。一工程あたりで七〇秒とタイソン・フーズ社の約一八倍の時間をかけて作業されていることになる。「ざっと計算しても、日本と米国は肉の扱いがこんなに違うのです」と、タイソン・フーズ社を「地獄」というペイラさんは語った。

二〇〇三年のタイソン・フーズ社の労働災害数は四五〇件。一〇人に三人が指を切断、腰を痛めるなど大きな労働災害にあっていることになる。一工程四秒で肉を加工する作業は、そこで働く人たちにとっても大変危険であることがわかる。

ここの労働組合の組合員に労働災害の原因をアンケート調査したところ、約九〇％の労働者が「作業するスピードの速さだ」と答えているという。こんなに速ければ、どんなに安全な技術で解体しているといっても、危険部分が飛び散って肉を汚染しかねない。

労働者に危険な労働を強いれば、当然食肉加工も安全ではない。少々古いデータだが、一九九六年にワシントン州では食の安全関係の法律違反が一七六件もあった。

「労働者は毎週二〇〜二五人解雇され、また新しい人が入ってくる」と、ペイラさんはタイソン・フーズ社が日常的に労働者の権利も食の安全もないがしろにしていると訴えた。

それでも、なぜ世界でも上位の食肉加工工場としてやっていけるのか。

労働者はメキシコ人

労働組合委員長のペイラさんはメキシコ人である。

「家族を幸せにさせたいという夢を持ってアメリカに出稼ぎにきた。しかし、まさかこれほどひどい職場で働くとは思わなかった」

気がついたら食肉工場で一七年間働いていた。そして労働組合の委員長になっていた。

パスコ工場の労働者の九〇％はメキシコなど移住労働者だ。母国から仕事を求めて移住してきた人たちにとっては、なかなかいい仕事はない。「きたない」「きつい」、その上「安い」と、アメリカ人が避けている食肉関係の仕事を移住労働者が引き受けているわけだ。

「移住労働者はチューインガムのようなもの。甘味がなくなったらペッと捨てられてしまう」

ペイラさんは、チューインガムになっていると自分たちの権利も奪われるが、そこ（工場）から生まれる食肉を食べる消費者の権利も奪われることになる、と労働組合を立ち上げ、牛肉の輸入先である日本にまでやってきたのである。

「日本人の口に入る牛肉をつくる（加工する）メキシコの移住労働者と日本人が今、同じ危険にぶつかっているのです。一緒に安全を勝ち取らなければ」

屠畜作業にかかわっているアギラーさんは、「私は学者でないからＢＳＥの科学的なことはわからないが、工場の中のこと、屠畜、解体については毎日見ているので、一番わかっている」という。

アギラーさんもペイラさんも「全頭検査と危険部位のすべてを取り除くことをしっかりとさせた上で日本は輸入するように」と繰り返し訴えた。

二人の説明によれば、アメリカ政府は検査をしない。タイソン・フード社が自分でBSEの検査をするのだが、まず三〇ヵ月の牛を青い線をつけて区別するという。しかし、日本のようにトレーサビリティはほとんどしていないので、三〇ヵ月といっても正確にはわからないのが現実だ。トレーサビリティを自主的に導入している企業もあるが、どちらかというと小さいところで、ごくわずかだ。アメリカ政府は日本との協議の中で、トレーサビリティを全米規模で広げて二〇〇六年には完成する計画だといっている。約一億頭のアメリカの牛のすべての戸籍を本当につくれるのだろうか。

年間三〇〇〇万頭以上の牛を処理しているアメリカでは、食肉用の牛のほとんどは一四ヵ月から二〇ヵ月齢の若い牛である。この牛たちは検査をしない。歩行困難で明らかに神経の異常が見られる牛と、月齢三〇ヵ月を超える牛しか検査対象にしていないのである。それらはほとんど市場には出てこないよりよれの牛だ。

「若い牛（二〇ヵ月以下）ならBSEのプリオンが検出されないから、無検査でいい」というのがアメリカ側の言い分だ。確かに、月齢の若い牛からはプリオンの感染を発見できない。このことは日本のプリオン専門調査会も認めているが、これは検出できないのであって、いつ正常プリオンが異常プリオンに移行するかはまだわからないのだ。

「現在のところ、何ヵ月齢かは肉質や歯で見ているようだし、加工場では、牛の年齢など問題にもなっていない。超スピード下での作業ではそのようなことはとても考えられない」と二人はいっていた。

脳や脊髄は飛び散る

やっぱり気になるのは、超スピード下での危険部位の除去で脳や脊髄が飛び散らないかということである。

「牛は半分から切り開くので、脊髄や髄液は飛び散らないはずはない」とペイラーさんは即答した。日本の芝浦工場を見てきていたので、それと比較しながら、「日本はホースで洗い切っているが、アメリカはほとんどの工場で洗わない。直接機械で切断して肉にしていくので、危険部位も十分に取りきれていないかもしれない」と背筋の寒くなるような現実の一端を話してくれた。

最後にペイラさんは「日本人はアメリカの牛肉を食べているが、それがつくられている遠い工場は日本人には見えません。しかし、そこで働く私たち労働者には、ほとんどすべてが見えます。私たちが安全な肉だといえる肉をつくるために、安全な職場をつくっていきたい」と語った。そして、アメリカ政府に全頭検査を十分にするよう日本人も要求してほしい、それまではアメリカの牛肉を食べないでほしいと結んだ。

タイソン・フーズ社は、労働組合の行動や発言に対して、「当社はBSE検査に関する労働組合の見解に合意しない。労働組合のいっていることは、まちがっている」と発言している。

また、米国食肉輸出連合会では『知って安心BSEのホント』というきれいなパンフレットを配布した。やさしくていねいに写真を使って説明しているこのパンフレットをさっと読むと、「本当だ、アメリカン・ビーフは安全・安心だ」と思ってしまいそうだ。たとえば、脊髄を除去する時も「徹底的に洗浄する。切断したのこぎりにも異常プリオンがついていないように、八三度の熱水で洗浄する」と説明している。また、「すべての食品加工工場でＨＡＣＣＰ（食品管理技術）を導入し、特定部位についても完全除去している」と書いてある。

ＨＡＣＣＰといえば、雪印食品事件を思い出す。このアメリカの食品安全管理手法であるＨＡＣＣＰを導入した雪印で、食品汚染事件が起きたのだ。

パンフレットには、さらに「農務省の検査官が現場で立ち会って危険部位の除去をしている」とも書いてある。「検査官は政府の人間ではない。会社で検査する」というタイソン・フーズ社の労働者の言葉はウソなのだろうか。

アメリカ政府のつくる米国食肉輸出連合会のパンフレットと、食肉労働者の言葉。どちらを信じたらいいのだろうか。それぞれに立場や利害があるから発言はちがってくるという人が多い。だが、「労働者の権利が守れないかぎり、安全な肉は守れない」といいきったタイソン・フーズ社パスコ工場の二人の目と言葉を私は信じる。

肉をつくっている人とつくらせている人との見ているものがこんなにもちがう中で、輸入されてくるアメリカ産牛肉は、安全面から見て、きわめて黒に近いといわざるを得ない。また、輸入時の日本国内での検査の不十分さも不安の種だ。

二〇〇四年一〇月、アメリカから輸入した豚肉の箱の中に牛肉が混じっていた。「紛れこんでしまったのでは」といっているが、輸入禁止の時で注意していたはずなのに、牛肉が入っていた。解禁されたらやっぱり、成田空港でアメリカ産牛肉の冷蔵肉四一箱のうち三箱から特定危険部位の脊柱が見つかった。

地球をまわるBSE汚染肉

「自由貿易協定（FTA協定）」という言葉をよく耳にする。聞こえはいいが、要は二国間で政治的に物を売ったり買ったりしようというものだ。たとえば、タイから鶏肉や看護士を輸入して日本から自動車を輸出するといった具合。ところが二国間と思っていても、実際はアメリカが出資している第三国の農場の豚や鶏などで、どこの国のものなのか不明確なものもある。

小泉首相が二〇〇四年九月にメキシコ訪問した時、「牛肉輸入を拡大する協定」を結んだ。五年後に年間六〇〇〇トンにするというもので、シンガポールに次いで二番目のFTA協定である。

同じころ、農水省のホームページで、アメリカからメキシコへ大量の牛肉が密輸されているという現地の新聞記事を知った。メキシコから日本はどれくらい輸入しているのか調べてみようと、財務省「貿易統計」を見て、びっくりしてしまった。牛肉はもちろん、舌や腸、テールなど内臓がいっぱい輸入されていた。臓器全体で約五二万一〇〇〇キロを輸入していた（二〇〇四年一月〜九月）。牛肉で見ると、二〇〇三年にはメキシコから〇・二トンしか輸入していなかったのに、二〇〇四年は夏の三ヵ月だけで約七〇〇〇トン輸入している。メキシコはそんなに牛肉を生産しているのだろうか。

一方、米国の農産物輸出額を見ると、約六兆八〇〇〇億円で過去最高。市場はカナダ、日本、メキシコと続いている。

タイソン・フーズ社のアギラーさんは「日本に売れなくなった牛肉をメキシコに持っていって、そこから日本へというルートをとっている」と教えてくれた。BSE発生で輸出禁止になっているアメリカ牛が第三国を経由して、あちこちの国へ流れているというわけだ。

ということは、メキシコから日本に入っている牛の舌や腸などの内臓もアメリカ牛のものかもしれない。これらの部位は国際獣疫局（OIE）が指定している特定危険部位である。万一アメリカ牛のものだったら全く危険だ。いや、メキシコのものであっても、メキシコはアメリカ、カナダに次いで「BSE危険国」（レベル3）に指定されているのだ。

この輸入メキシコ牛肉の多くは、アメリカ牛肉でまかなわれていた牛丼に回っている。となれば、メキシコ牛肉ということで輸入されている牛肉に「クズ肉（MRM）」が入っていないかとても心配だ。イギリスでは「ヤコブ病」になる大きな原因だろうといわれているのが「クズ肉」であるからだ。これは、骨についている肉を機械を使って削ぎ落として加工に回したもので、削ぎ落とす時に骨の髄液が飛び散って、異常プリオンに汚染されるのではないかと見られている。

このように、BSEで売れなくなった牛肉をあちこちの国へ運び、そこから売れないはずの国へ売るといった迂回売りは、肉骨粉の売り方とよく似ている。BSE汚染牛を拡大させていった大きな原因は、第三国を回しながら肉骨粉を全世界に売っていったことだ。汚染肉を肉骨粉と同じ手法で世界中に売れれば、今度は牛ではなく人間に「ヤコブ病」を広げていくことになりかねない。

輸入肉の危険性

日本でもVCJDが発生

仕事がら友人に農業・医薬品業関係者が多いせいか、集まるとVCJD（変異型クロイツフェルト・ヤコブ病）の話になってしまう。そして、最後は「日本でもVCJDが発生するか」という議論になる。

大学卒業後、三〇代後半でイギリスに留学した男性は「俺が一番VCJDになる可能性大だ。それは、約一八万頭のBSE牛発生地域で暮らしたから。金がないから、毎日、今問題になっているMRMといわれる得体の知れないクズ肉で作ったハンバーガーやミートパイを食ったからな」と苦笑い。「まあ、発症しても認知症（老人性痴呆症）って診断されちゃうな」

不幸にして彼の予測が当たり、日本でもVCJDが発生してしまった。

彼は帰国後、大手飼料メーカーで飼料の研究を続けている。いろんな方面でさまざまな数字を使って日本でのVCJD発症数を予測している研究者がいることに対して、彼は「そうした予測は大切かもしれないが、日本の場合は発症するかもしれない危険条件があまりにも複雑なので、簡単に数字をはじき出せない」と、発症数よりも「危険性の条件」を明確にしていくことの重要性を指摘している。

その理由は大ざっぱにいって三つだという。

第一には、日本はＢＳＥ感染源の肉骨粉を輸入し続けていたこと。しかも、「危険だ」とイギリス政府から連絡があってからも、だらだらと輸入していた。そのため、どこまでＢＳＥ汚染が広がっているかわからない。

第二には、牛肉や牛肉加工製品の圧倒的多くが輸入肉である。とりわけ、一般市民が食するファストフードの牛肉は、ほとんど外国産だ。

第三は、食生活のあり方が戦後すっかり洋風化されたこと。その上、ＢＳＥがイギリスで発生された頃から急激に、自宅の台所で食事をつくって食するのではなく、外食したり、お惣菜、お弁当を求めて食するといった「中食化」が進んだこと。そして、穀物や野菜中心の食体系が一気に肉食加工食品化されていった。そのことが、日本人の内臓にストレスを与えていないか。

危険な輸入肉骨粉

第一の肉骨粉のことを考えてみよう。肉骨粉の輸入を振りかえってみると、いくつかの問題点に出合う。

一九九〇年二月一四日（イギリスで初めてＢＳＥ牛が発見された四年後のこと）に、イギリス政府は日本に「ＢＳＥの感染源は肉骨粉であるから注意するように」と連絡している。不思議なことに、日本政府はこの連絡をどう受け止めたのか、その後ＢＳＥ汚染国というレッテルを貼られたイギリスやアイルランドから肉骨粉を約六〇〇〇トン輸入している。しかも、それは加熱処理されていなかった。ＢＳ

Eの異常プリオンの生きていた肉骨粉を輸入してしまったことになる。

一九九六年には、イギリス政府が「BSEは牛ばかりか人にも感染する。すでに人間も新型クロイツフェルト・ヤコブ病（VCDJ）で死亡した」と発表した。このニュースは世界中をパニックにした。WHOは「すべての国がBSEのような異常プリオン病の動物を処理し、危険部位やそれらでつくられていた製品を完全に廃棄すること。そして、異常プリオンが食べ物に入らないようにし、人や動物の食物連鎖に入りこまないよう厳重にすること」と厳しい通達を世界へ向けて出している。もちろん日本政府にもそれは届いていた。

それなのに、統計を見ると、どういうわけか、肉骨粉の輸入は拡大しているのである。

一九八七年から一九九三年までの間に、約八五〇トンの肉骨粉が日本に入ってきている。ところが、一九九四年から日本でBSEが発生して肉骨粉の輸入を禁止した二〇〇一年までに、イタリアやデンマークから約八万トンも輸入している。これはどういうことなのだろうか。世界中がBSEと肉骨粉を結びつけ、見えない異常プリオンに怯えていた時、せっせと肉骨粉を輸入していたわけだ。

「汚染国イギリスのものじゃないから大丈夫」といったとは聞いてないが、そんな思いがあったのだろうか。

当時を振りかえって群馬の酪農家の塚越敏夫さんは怒りをぶつけてきた。

「肉骨粉が危険なものなんて全く知らなかった。知らなかったじゃすまされないっていえばそうだけど」

いつの間にか、JAや酪農専門家にいわれるものが一番いいと思い込んでいた。誰もが効率のいい飼料ということで肉骨粉を与えていたから、疑ってみることなど全く考えなかった。

「牛は草を食って乳を出すっていう当たり前のことを忘れてしまっていたんだ。その牛に肉や骨、それも自分の仲間の肉や骨を食わせるっていうのは、落ちついて考えれば変なことなんだよな。人間って恐ろしいよな。当たり前のこともいつのまにか考えられなくなっちゃうんだから」

いい乳を出すことだけを考えてきた結果が、草を食べる牛に何の疑いもなく肉骨粉を与えて、その結果、自分の首をしめることになってしまったのだ。

「そんな自分が情けなくてしょうがない。でも、じゃあ、あの時、どんな道があったともう一人の自分が聞いても、やっぱり肉骨粉を与えていたと思う」

牛飼いとして一方的な情報だけに偏っていたことを思い知らされたという。一方的な情報とは、自分が関係している飼料屋さんや酪農仲間からだけ話を聞き、他の仕事をしている人と牛のことを話すことなどなかったということである。

「もっと、消費者や飼料メーカー、研究者からの情報を得て、自分なりに判断していけばよかった」と自分で判断をしなくなった自分に腹を立てていた。

当時、牛飼いにとって肉骨粉は欠かせない飼料の一つであった。国内の肉骨粉は生産量が少ないので、一トン五万円前後と高値だった。ところが輸入肉骨粉は二万三〇〇〇～二万四〇〇〇円と半値だった。誰もが輸入ものに手を出すのは当然である。

この安い肉骨粉こそ恐ろしいＢＳＥに汚染された飼料であることなど、畜産農家の人たちは、誰一人として疑ってもみなかった。日本がＢＳＥとＶＣＪＤに怯える時代の幕開けだった。

「俺らもバカだったけど、世界中の関係者が肉骨粉を問題視していたのに、日本政府は何も騒がず輸入して、畜産農民に売りつけたわけだ。日本列島をBSE汚染国に、ヤコブ病発症国にしようとした奴がいたのではと勘ぐっちゃう。このBSE事件で、アメリカは牛肉を日本にどんどん売りつけ、あっという間に肉骨粉で大儲けした商社があるというけど」

塚越さんは、今、世界に目を向けはじめている。そして、最後に言った。

「あなたのようなマスコミの人たちだって責任があるよ。日本にBSEが発生するまで、どれだけ世界のことを報道してくれた？」

二〇〇一年、BSEが日本で発生した後、借金を抱えたまま五一歳で農民をやめた人がいる。

埼玉県に住む黒沢貞次さんは二〇歳から両親と牛飼いをしてきた。八〇代の両親は第一線から退き、妻と二人で成牛三〇頭ほどを飼ってきた。乳を売り、子牛を売り、どうにか子供も家から飛び立っていくまでに積み上げてきていた。そして「これからは経営を小さくして、ゆっくりと牛飼いで身の丈に合った暮らしを末長くしていこう」と夫婦で夢を語り合っていた矢先の災難だった。

「牛が安くて経営が困難になっただけじゃない。万一我が家の牛がBSEになったらと思ったら、夜も眠れなくて…。牛を手放した最大の理由はそのことかもしれない」

その後、どうにか建設会社に雇ってもらえた彼は、牛を売っても残ってしまった借金に追われながら、ふと当時を思い、腹が立って仕方ないという。

黒沢さんは「危険な飼料を売りつけても儲けたい奴」といった。

ずっと心に残っていたその言葉が、ある日、居酒屋で学生時代の知人に三八年ぶりにばったり出会って話していた時に、重い現実感をもってよみがえってきた。さまざまな仕事をやってきた彼が、長距離トラックの運転手をしていた時の話である。

知人は港から倉庫のある場所まで荷を運んだり、倉庫から農協や飼料会社や食品会社へ、また倉庫から港へといった具合に、日本列島を走り回っていた。

「港といっても海と空の両方だ。港から世界の動きが手にとるように見えておもしろかった」

そこは農学部出身の彼だから興味を持ったのかもしれない。彼が見たものは、一九九〇年代に入ってからの積み荷の変化であった。それ以前とちがって、手がける荷物は農産物や魚、その関連資材が急に増えた。印象的だったのは、中国野菜とアメリカの牛肉、そしてさまざまな国の肉骨粉だった。外国の農産物や生産資材を狭い島に次々と積み上げていく――それが一九九〇年代の一〇年間の日本列島の姿だった。

「とても不安だった。百姓の息子だもの。でも畑なしの二男だし、武器を運ぶことを考えれば、食糧だからまあいいかってな」

だが、今振りかえると当時の「不安」が当たってしまった。

「肉骨粉の荷物は不思議だった。極端にいえば毎週のように輸出国名が違うんだから。最初イギリス、今週はイタリアと思ったら、デンマークに、香港とか。一番多いと思ったのは香港かな」

買いつけたのは、商社が圧倒的に多い。実際彼が関係しただけでも、すぐ丸紅、三菱商事、伊藤忠商事、トーメンなど有名商社の名前が挙がる。

肉骨粉は商社から飼料会社や肥料会社などに売られ、農民に渡っていく。農民のところへ行く時にトン当たり二万二、三〇〇〇円になったが、いくらで買いつけ、飼料や肥料会社にどのくらいで売っていたのか。はっきりした額はわからないが、ものすごく安価であったはずだ。というのは、その頃すでにイギリスなどEUではBSE汚染の肉骨粉処理に困っていたからだ。日本でBSEが発生した時、あちこちに肉骨粉の野積みができ、処理に困っていたことを思い出せばすぐ理解できよう。処分に困る肉骨粉をたたいて安く買うか、あるいは処分費用までもらって第三国が輸入し、その国からアジアやヨーロッパへ輸出されたというわけだ。

こんな事件もあった。一九九六年、イギリスの汚染肉骨粉が第三国に輸出され、そこからフランスに輸入された。フランスはまさかBSE汚染国イギリスの肉骨粉だなどとは思いもよらずに輸入していたわけである。イギリスはなぜそんなことをするのかと、フランスは怒った。「新しい英仏戦争」と世界のメディアが報じた。

当時のことを調べると、EU諸国間でも肉骨粉は行ったり来たりしていた。日本でもこの頃は農水省の「輸入検疫証明書」があれば、原産地表示がされていなくても、商社などが輸入できた。その肉骨粉はどこの国の牛や豚を原料にして、どこの国でつくられたのか全くわからないままである。

「恐ろしい話だよな。俺はその頃、一日働けば一万円ちょいもらいながら、BSEを日本に、アジアに散布していたってわけだ」

二〇〇一年に日本でBSE牛が発生する一〇年ほど前から肉骨粉が荷物の中で目立ってきたが、BSE発生の五、六年前はすさまじかった。また、発生後も時々肉骨粉らしきものが目についたという。友人はまずいことをいってしまったかなというような表情になっていた。

「危険な橋、今も渡っているから」と彼は勤め先を教えなかった。

日本でBSEが発生した時のことを思い出していただきたい。ずいぶん遠い昔のように思われるかもしれないが、まだ五年前のことだ。あれから、いろいろ問題はあるにせよ、日本の食管理は大きく変化した。しかし、日本では、肉骨粉とBSEの関係を明確にしないまま終わってしまった。一九九六年三月まで牛の飼料として肉骨粉が堂々と使われたことに対して、誰も責任をとっていない。牛の飼料に肉骨粉を使用するのをやめるようにしたものの、その後も、魚や他の動物の飼料には使われていた。誤って肉骨粉が牛の飼料に入っていかなかったとはいいきれないのではないか。

その上、当時の仕組みでは、肉骨粉を食べた牛がどれくらい、どこにいたか全くわからない。こうしたことが教訓となって、トレーサビリティ（追跡可能な仕組み）制度がうまれたのである。

牛肉加工製品とBSE

第二の危険要因は、ファストフードなどでよく食する牛肉加工製品とBSEとの関連性だ。

イギリスでVCJDになった人たちの異常プリオンの感染源をBSE牛と断定できないという見解もあるが、大方の意見はBSE牛の肉から感染したとしている。そして圧倒的多数の意見が具体的にMRMというクズ肉を感染源としてあげている。BSEに汚染された牛を処理する段階で、脳や脊髄など危険部位などがクズ肉になって、ハンバーガーなどファストフードに多く使われていたと推測しているのである。それを失業者や低所得者、若者などが主食にしていて、そのため、これらの階層の人たちにＶＣＪＤの発生が多いというのだ。

アメリカでも、ＶＣＪＤの「集団発生」を報じるニュースは、発生はファミリーレストランの安い昼ランチを食べていた人に多いと伝えている。

また、一九九九年、カナダのある一軒のハンバーガーショップでハンバーガーを食べていた人たちの中に、ＶＣＪＤにとても似ている症状を持った人たちが、相次いで六人も出てきた。六人の平均年齢は二八歳と若い。昔からの仲の良いグループのメンバーで、七、八年の間に次々と発病し、六人中三人はヤコブ病（ＣＪＤ）と診断された。残りの三人は脳血管障害とうつ病とのこと。このニュースを知らせてくれたホセ・香代子さんはカナダに二〇年以上住んでいる。

「ＢＳＥとの因果関係ははっきりしないが、何をどう食べてきたのかをはっきりさせたい。たかだか一〇年足らずで、同じ店でハンバーガーを食べた人が六人も同じような病気になるのは、何か異常がある。それが、どうやらＢＳＥに関係したヤコブ病に似ていると思うから。

カナダもＢＳＥ発生国だし、アメリカから牛も肉も行ったり来たりしている。日本と違って牛の解体はかなりずさんだと聞いている。また、アメリカなんて、ＢＳＥが発見されたけど、ほとんど無検査だって。だから、どこでＢＳＥ汚染肉になるかわからない。特に、危険部分の入りやすいミンチ肉の製品は気になります」

ホセ・香代子さんの話をまとめると、次のようになる。

日本での報道を見ていると、肉食の国アメリカはＢＳＥ牛のことやその汚染肉によって発症するＶＣＪＤのことなど気にしない国のように思いがちである。そして、日本のマスコミにはアメリカ産牛肉の輸入再開をせかせる記事が目立ってきた。

ところが当のアメリカの報道は、二〇〇三年のBSE牛発生以来、食の安全対策より商売を重要視してきた政府への批判で埋められている。「早く牛肉の輸出再開を」といった論調は少ない。

というのも、アメリカ政府はWHOが出した勧告（一九九六年）やFAOの「BSE検査と対策の徹底を求める」勧告（二〇〇四年一月）をも無視した。また、アメリカの食肉産業界は世界に「アメリカはBSE清浄国」といい続けてきていたのに、BSE牛が発見されて、検査のひどさが明らかになりはじめ、市民の間に牛肉に対する不安の声が高まっているからだ。

ところが報道によると、カリフォルニア州の検査官が「食肉業界が牛を選んで、それを検査官が検査しているのだ」といったという。業界によって検査されているというわけだ。

アメリカでBSE牛が発見され、初めて「BSE清浄国アメリカ」の嘘がバレてきた。たとえば、タイソン・フーズ社グループで年間検査される牛は約二万頭。一年間に屠畜される牛は約三五〇〇万頭といわれるから、検査はしてないといってもいいほど少ない数だ。その上、この二万頭は歩行不能など、明らかに見た目におかしいものだという。

BSE牛が発見されたワシントン州では、二〇〇三年七月まで一度も検査をしたことはなかった。つまり、検査したからBSE牛が見つかったのだ。検査頭数の少なさもさることながら、アメリカでは検査いっさいなしの食肉センターが八八％（二〇〇一、二〇〇二年）なのだということを、香代子さんは強く日本人に訴えたいという。

特に大企業の検査頭数は限りなく少ない。上位一〇社あわせて、屠畜総数約六〇〇〇万頭に対して検査済みはなんと一五〇〇頭のみ。食肉企業では全米で一、二位を争うエクセル社などは、二〇〇一年から二〇〇二年の二年間で四頭しか検査してない。

BSE感染源の肉骨粉の禁止や汚染された血液の代用乳の禁止、そして危険部位の食品からの排除など、日本ではすでに行なわれていることも全く徹底していない。

日本はこんな国から世界で最も多く牛肉を輸入していたわけだ。考えただけで恐ろしくなってしまう。牛肉だけでなく、牛の血液も骨も皮も、牛を丸ごと金にしてきた食肉産業界が政府を動かしてきた国の安い加工肉食品を長い間、食べ続けてきたことになる。

BSE牛が発見される前年には、アメリカは牛肉を約八三万トン輸出していた。最大のお得意先は日本（二五万二〇〇〇トン）、次いで韓国（二一万三〇〇〇トン）、メキシコ（二〇万七〇〇〇トン）、カナダ（八万四〇〇〇トン）といったところである（二〇〇二年）。

BSE牛発見により二〇〇三年末から日本は輸入をもちろん禁止していた。現在、アメリカ産牛肉の輸入を禁止している国は三五ヵ国あまり。どこの国も国民の安全を考え、危険性の度合いの高いアメリカからの輸入を中止したのである。だが、アメリカの圧力に押し切られ、日本は輸入再開に踏みきった。

最も生命を左右する食に対して、情報がないまま、政府間だけで牛肉輸入再開の話が先行し、いつしか外堀が埋められ、気がついたらアメリカ牛が食卓にあった。恐ろしくなってしまう。

日本向け牛肉については、二〇ヵ月以下の若い牛は安全だからというが、若いのでプリオンが検出できないだけの話だ。国ぐるみで隠そうとしているアメリカのいうことを信じていいのか。チェック体制が日本並みになっていないアメリカ牛の安全を誰が保証するというのだろうか。

食べ方がより危険をつくりだす

第三は洋風化や中食化などといった食べ方のことである。簡単、便利、速いといろいろないわれ方をしてきているが、ファストフードの圧倒的多くは、肉の加工品である。その肉加工品こそ、ほとんどがアメリカ生まれで、中身の見えないものばかりだ。

これまでもそうだが、大きく表示が変わっても、肉加工品は産地国のみの表示である。どこの部位を使っているかもわからない。また、日本とちがってほとんど検査なしの牛で、BSEにひっかからなければ、危険部位といわれているところもミンチにまぜられてしまう。

「アメリカにはBSE牛がゾロゾロいるはず」といわれだしてから一〇年はたっている。二〇〇三年五月カナダでBSE牛が発生したが、この牛はカナダで生まれたあとアメリカで育てられ、それからまたカナダに売られてきた。つまり、アメリカにはこのBSE牛と一緒に育てられた牛がいっぱいいたのである。その牛たちはどうなったのか。

ファストフードがファッションのようにもてはやされた一九八〇年以降、私たちはマクドナルドのハンバーガーなどをカッコイイと思って食べてきたはずだ。それが得体の知れない肉加工品だなどと考えてもみなかった。そして、庶民の高嶺の花だった牛肉が、やはり同じ頃、焼肉や牛丼といった形で大衆化され、日本独特の庶民の肉食文化がつくりだされた。それは、安いアメリカ輸入肉がつくりだしたものだといっても過言ではない。

昼間八時間働いて、土、日に国民祝祭日お休み、なんていう当たり前の労働者はとても少なくなってしまった。早朝も真夜中も働き、土、日もない。休日も定まっていないといった変形労働形態が普通になってしまった。昼間働き、夜寝るといった人間として当たり前のサイクルが、いつの間にか崩れてしまった二〇世紀。盆も正月もスーパーは売りまくり、コンビニやファミリーレストランは店を閉めることがない。

働き方が大きく変えられると、食べ方も大変化させられた。コンビニに飛びこみ、弁当を買い、ほおばる。牛丼屋のカウンターで、昼飯を流し込む。そんな食べ方がいつのまにか定着してしまった。食べながら歩き、お腹に流し込んで職場に走る。そんな何かに追われる時代から生まれたファストフード。それを何もほとんど考えないで食べ続けた私たち。とりわけ、安い昼飯代しか財布の中にない圧倒的多くの日本の働く人たちが食べてきた肉こそ、アメリカで、イギリスで「安い肉を食べてきた人たちが危ない」といわれているまさにその肉に近くないだろうか。

食べてしまったものは仕方ないが、危険性をより少なくするには、これからは、自分で安全度の高い情報をつかんで、目で確認できる国産牛を選ぶことだ。国産牛が見つからなければ、しばらく食べなくてもいいではないか。

それでも、私だけは絶対に大丈夫と食べますか。食べるなら、その食べた肉がＢＳＥ汚染肉でないと誰も保証できないのが現実だということを知って食べるしかない。

6

安心への模索

●変わる流通

誰にとっての牛トレーサビリティ法

「トレーサビリティ」

なかなかなじみにくかったこの言葉も、ずいぶん身近なものになってきた。しかし、まだまだ完全に理解されているとはいいがたい。そこで、あらためてトレーサビリティを考えてみよう。

「トレーサビリティ」とは、「トレース＝追跡する」＋「アビリティ＝能力」を組み合わせた言葉である。食卓から農場までの流れを追跡し明確にすること。こうすることによって、消費者に情報を提供して、万一事故が起きてもすみやかに原因究明ができ、被害を最小限にくいとめる仕組みのことである。

その仕組みは四つの機能からなっている。

①健康に対するリスク管理
②製品の回収と原因究明
③情報開示
④品質管理をすること

図表9 「トレーサビリティ法」で生産情報がわかる

店頭や自宅の
パソコン等でアクセスすると…

こんなことがわかる

・どういう牛？ → 出生年月日、牛の種別などがわかる
・誰が生産？ → 管理者の名称と畜者の名称等
・どこで生産？ → 飼養施設の所在地、屠畜場の所在地
・どのように生産？ → 給餌飼料の名称、動物用医薬品の名称

日本では、ＢＳＥ発生から「トレーサビリティ」なるものが動き出したといっていいだろう。ＢＳＥ牛が発生した時、どれほど日本では混乱したか思い出していただきたい。一頭のＢＳＥ牛が発生したことで、「食の管理」のもろさを思い知らされた。この教訓から牛のトレーサビリティは生まれた。これによって、細切り肉とひき肉、タレ漬け肉や成型肉など、使用した牛を特定できないものは対象外になるが、すべての牛肉に履歴を表示することになったのである。

国内で生まれたすべての牛と生体で輸入された牛の一頭一頭に、一〇ケタの個体識別番号を書いて牛の耳に「耳標」をつけ、この番号で牛の生産から育成、肥育、肉の流通経路、牛の品種改良情報、病気等の履歴のすべてがわかるようにすることを義務づけたのが「牛トレーサビリティ法」である。いわば牛から肉までの履歴書だ。

実はこれまでも、すべての牛に番号をつけ、牛の戸籍を管理していた牛飼いもたくさんいたのである。そうした牛飼いも、今度の法律で、すべてやり直し、全国統一の耳標識化していくことになった。この作業は大変なものだった。これまで自己流でやってきた牛飼いは、なれているとはいうものの、改めてやり直すための時間と金がいった。それでも、安全な食材を届けるために、生産者はがんばった。

二〇〇三年一二月一日から、耳標の装着と出生、異動などの報告が法によって義務づけられ、二〇〇四年一二月一日からは店頭の国産牛肉に個体識別番号を表示しなければならなくなった。

しかし、家族でやってきた小規模農家の多くは、なにごとも農協など組織まかせにしてきたので、システムそのものの理解さえむずかしかった。圧倒的多数を占める小さな牛飼いたちは、後継者への不安と自分自身の高年齢化に対する先行きの不透明さに悩んでいた。そこへ、新しいシステムを導入するという難問が加わったのである。まず、その費用を工面しなければならなかった。

千葉県のある酪農家に話を聞いた。ＢＳＥ感染牛が発見されて、牛肉が売れなくなった。オス子牛もたたかれ、大変な安値の時の持ち出しだけにこたえたという。

「二〇頭そこそこの牛飼いがコンピュータ化していくんだから、少々気をもんだ。それでも、これをやらなければ本当に未来がないと、賭けみたいなものだった」

はじめは夫婦でやってみたが、時間ばかりかかってうまくいかない。いっそのことプロを頼んでやってもらった方が、お金はかかるけど速いかもしれない。コンピュータ会社に相談し、プロの人に来てもらい、すべて入力してもらった。そして自分たちも研修をうけ、使いこなすまでになった。その経費はざっと三〇〇万円。その後も、事務処理などでほぼ週一人分のコストがいる。

「年齢にもよるでしょうが、私たちのように七〇歳過ぎの夫婦の牛飼いには、きつかった」

「あと何年牛飼いでいられるだろうか。後継者はいないし」

それでも、この夫婦は三〇〇万円を投資した。それは老後の資金として貯金しておいたお金だった。

「農水省のいう通りにというのじゃない。まあ、この牛と最後を共にしようとしただけ。これ借金だったら、牛を手放して牛飼い廃業だった」

この夫婦が特別な人たちではない。一生懸命に牛を飼ってきた平均的な日本の牛飼い夫婦だ。その一組の夫婦が「トレーサビリティ」といったカタカナ言葉がやってきた時、自分の死と合わせて受け入れたという重みに私は胸が痛くなった。

こうして生まれた牛肉を私たちはどう受け止めて食べるのだろうか。日本の牛がまるで生まれながらに耳につけられた黄色いアクセサリーのような「耳標」。その耳標がつけられた時の痛みを牛は覚えているだろうか。そんなことを「耳標」を見るたびに思ってきた。

やはり牛肉を食べる時に、牛の耳の痛みと老夫婦が「牛と最後を共にしよう」と老後資金を投げ出した重みを噛みしめねばならない。それにしても、やっと国産の肉が安全、安心、安定してきたのに、なぜ政府はトレーサビリティもほとんど不明なアメリカの牛肉を入れることにしたのだろう。それよりも、日本の畜産を維持可能にしていく政策こそが求められているのではなかろうか。

「トレーサビリティ」は、本来そうした重みのあるもののはずだ。牛から牛肉になって食べられるまでに、どれだけの人たちの労力と思いが加わっているのか。それがあるからこそ、「安全」で、誰もが「安心」した肉を食べられる。そして、肉とかかわっている人々も生きていける。そうしたことの証であるこの耳標を、やたらに取り外すことはできない。

安心・安全はコストもかかる

群馬県のある畜産商事の食肉センターで牛のカットをしている鈴木洋一さんは「トレーサビリティを実施するようになってからコストが三〇％アップした」という。

細切り肉とひき肉を除くすべての生鮮牛肉に表示をつけるようになった。この法律によって一頭の牛に一六〇〇枚の表示ラベルを貼ることになるという。その手間と事務処理にかかる時間は膨大だ。毎日約一〇頭前後の牛をカットしてきた鈴木さんのところでは、これまで一〇人だった従業員を一三人に増やした。本当は（トレーサビリティ用の）事務専用一人必要だが、持ち出しが多くなるのでそこまではとてもできない。

「コスト高になった分をそのまま肉に上乗せするわけにはいきません。安全性のPRとして、今のところは会社がかぶることになっているけど……」

このような状況は長く続かない。肉の値段を押し上げるか、労賃を切り下げるかして、切り抜けるほかない。そのつけの行き先は想像がつく。今でさえ、屠畜、解体、カットといった神経を使う仕事をする人が少なくなっている。それに拍車をかけることになると鈴木さんは心配している。

「経験豊かですぐれた職人がどんどんいなくなれば、安全に解体できるかとても不安です」

BSEの原因になる「異常プリオン」と呼ばれる異常なたんぱく質がありそうな危険部位を取り除く時には、他の肉に飛び散らないように最大の注意を払う必要がある。頼りになるのはベテランの目である。

食肉センターなど、食肉をつくる現場で働いている多くの人たちに会ってきたが、ベテランになるほど、機械化される中で職人の目を軽視する結果を恐れていた。単に肉をカットするところでも同様である。家畜から一切れの肉になるまで、それぞれのところに職人がいる。彼らは、長い時間をかけて人から人へと技術を伝えてきた。トレーサビリティはとても大切なことだが、それはこうした職人の身体が持っている技術を大切にしてこそ、生かされる。培われてきた職人の感性とシステム化を共存させてこそ、安全は確保できるのではないだろうか。

トレーサビリティ法は、すべての農産物に導入していこうということになっている。豚にもすでにトレーサビリティ法が決められた。さらには鶏卵、鶏肉、野菜にまで導入が予定されている。それぞれの食材にＩＣチップのような「チップ」をつけてコンピュータ化していけば、食材の戸籍、流れをつかむことができるというわけだ。

一本一本の大根やキュウリにチップをつけたり、群れ飼いを基本にしている豚や鶏に番号を一頭一頭つけていくとなったら、どうなるのだろう。誰が考えても、そのコストにこたえられる生産者だけが生き残れるシステムではないか。安全は大切だが、国全体のこととして、生産者から生活者までが一緒に考えていくことが必要だと思う。

小さな小売店も大変

トレーサビリティはカットする工場だけでやるのではない。小売店も、生産履歴に合わせて牛肉にラベルを貼り、端末のコンピュータをセットしていかなければならない。全国で約四万店ほどの小売店の牛肉に識別番号がつけられたという。

たとえばイトーヨーカ堂でも、ラベル貼りにアルバイトを大量に使った。コンピュータ処理についても多くの時間を費やした。「なんだかんだで、コストは二、三割りアップしたのでは」とイトーヨーカ堂側は見ている。コストアップ分はそのまま商品に上乗せできないので、今回はかぶることにした。トレーサビリティの仕組みがしっかりでき上がってしまえば落ちついてくると判断したからだ。

大きな量販店は資金力も人力もあるからいいが、後継者を心配する町や村の家族経営の肉屋さんにとっては大きな課題である。「安全な肉」を得るためには、生産者から消費者まで誰もがこのトレーサビリティを実行できる条件をつくることこそ急務である。

埼玉県奥秩父の五五歳の食肉販売店主は「うちは豚牛だけの販売ですが、やがて豚もトレーサビリティといった仕組みの中で売っていかなければならないでしょう。トレーサビリティに反対すると商売をやっていけないような空気があって」と名前を出さないことを条件に話してくれた。

「安全な食肉を売ることは肉屋として当然です。そして、安全な食肉を生産するのは、生産者として当たり前のことです。だが、今度の仕組みを見ると、太い流れに生産も小売店も組み込まれ、これまで地道にやってきた生産者と小売店の顔の見える関係を切り捨てていくのではないでしょうか」と心配している。

店主は、地場の豚だけでは納得のいく豚肉は少ないと、北海道や鹿児島まで出かけ、生産者と信頼関係を得て、枝肉で分けてもらっている。コンピュータでシステム化をしなくても、この店の店頭には枝肉のかたまりが並び、表示も生産者名から飼料や衛生管理まで情報が表示されている。つくりたい料理を消費者が注文すれば、その場で下ごしらえをして肉を渡してくれる。「焼肉にする」といえば、地場の野菜や果物をベースに作ったタレも売ってくれる。もちろん、お客さんの予算も聞いてくれる。売れ残った肉は、地元産のみそで漬け込み、みそ漬け肉として売る。

肉屋として納得いく肉を求め、その肉を全部加工して売り切る――。そうした昔の肉屋さんがどこでもやってきたシステムをもう一度ていねいにつくりなおしただけである。

このような小さいけど信頼関係とプロのプライドでつくり上げられているシステムを、今のトレーサビリティ法はどこまで組み込んでいけるのだろうか。大きな課題であろう。

「部分肉製造メーカーから仕入れるようになっちゃったら、大手の食肉会社だけがコンピュータシステムを設置して、肉の多くはそこに行ってしまうだろう。あるいはスーパーなど大きな量販店が直に買うようになってしまう。うちのような小さくてシステムのないところははじき出されるかもしれない」

肉屋さんの心配も生産者によく似ていた。

EU並みのトレーサビリティへ

トレーサビリティが最も進んでいるのはフランスである。小売店のパックから農場まで追跡できる仕組みをつくった。一九九九年から耳標をつけ、牛のパスポートを発行している。

まず、子牛が生まれると各県にある地方事務所へ届け出なければいけない。ここで、耳標とパスポートを農家は受け取る。パスポートには誕生日、出生地、牛の品種を記し、移動する度にパスポートに記録されていく。パスポートを持たない牛は移動できない。

食肉処理場で解体されると、たとえばNO・1aという耳標をつけた牛は食肉センターでNO・1abという枝肉になって、部分肉製造メーカーへと届く。ここではNO・1abcという部分肉に加工される。そして小売店ではNO・1abcdと、dが加えられてパックされる。そして一パックごとにそれぞれd1、d2といったように表示される。

こうした番号はすべて、それぞれの段階（a・b・c・d）で記録簿に記入していかなければならないことになっていて、これらのデータは農務省の中央データベースに登録されている。

消費者は、小売店のパックに記されている枝肉番号の書かれたシールのロット番号と部分肉の箱番号を問い合わせれば、どこの牛かすぐわかるようになっている。

EU諸国は、このようなシステム導入を義務化している。この表示作成に対しては、生産、輸入業、屠畜者とその団体など、広範囲な関係者がかかわっている。そして、食肉には、法律で検査が義務づけられている。

これら一連のトレーサビリティを、EU諸国は、加盟国によって差はあるが国家予算を投じてつくり上げていった。それは、農業という国の産業を守ると同時に、国民の健康の保持と安全な食糧の確保のためである。当然、国内のこうした法律やシステムからはみ出すような輸入は禁止されている。

日本もこうしたEUのトレーサビリティを参考に検討してきた。BSE発生で急いでつくったため問題ばかりが目立ってしまっているが、生産後履歴表示義務制度発足から一年たった二〇〇四年一二月一日から、小売店に専門店、レストランまで、そのシステムを完成させた。「レストラン」まで対象にしたのは世界で日本だけだ。

しかし、安全な牛肉を確保するためには、小売店が一パック一パックに情報を入れて販売することだけではなく、前出の肉屋さんがいうように、昔ながらの顔の見える関係を新しい時代に即して築き上げていくことも大切だ。それは、量は少ないがより安全な肉を手に入れるシステムづくりになると思う。そうしないと、結局、大金を使って新しいシステムをつくれる企業だけが肉の流通にかかわることになりかねないからだ。

金をかけてつくったシステムは、必ず金を取り返そうと働く。つまりは、安い肉を入れていくことになるだろう。安い肉といえば、今でも食肉の六〇%を占める輸入肉ということになる。輸入肉にトレーサビリティ法は除外されているからである。

BSE発生で食の安全がさまざまな形で問われ、制度や法もこれまでのものが大きく見直され、整いはじめてきた。今こそ、日本の畜産、食肉にふさわしいトレーサビリティを、生産者、消費者、そして小売店など流通業者で育てていく必要がある。

新しいJASマーク

「生産情報公表JASマーク」(図表10参照)をご存じですか。

この規格は二〇〇三年一二月にスタートした。まだまだ新しいのでこのJASマークに出会うことはまれだ。JASだ、〇〇法だ、制度だと、頭の中がこんがらがってしまうが、とにかく、誰もが安全な食べものをどこででも食せるようになればいいのだが。法律用語やカタカナ言葉ばかりで、さっぱりわからない。

新しいJASマークは、今、牛肉にのみついている。前にも述べた通り、牛肉は、「牛肉トレーサ

図表10　JASマークのついた食品が消費者に届くまで

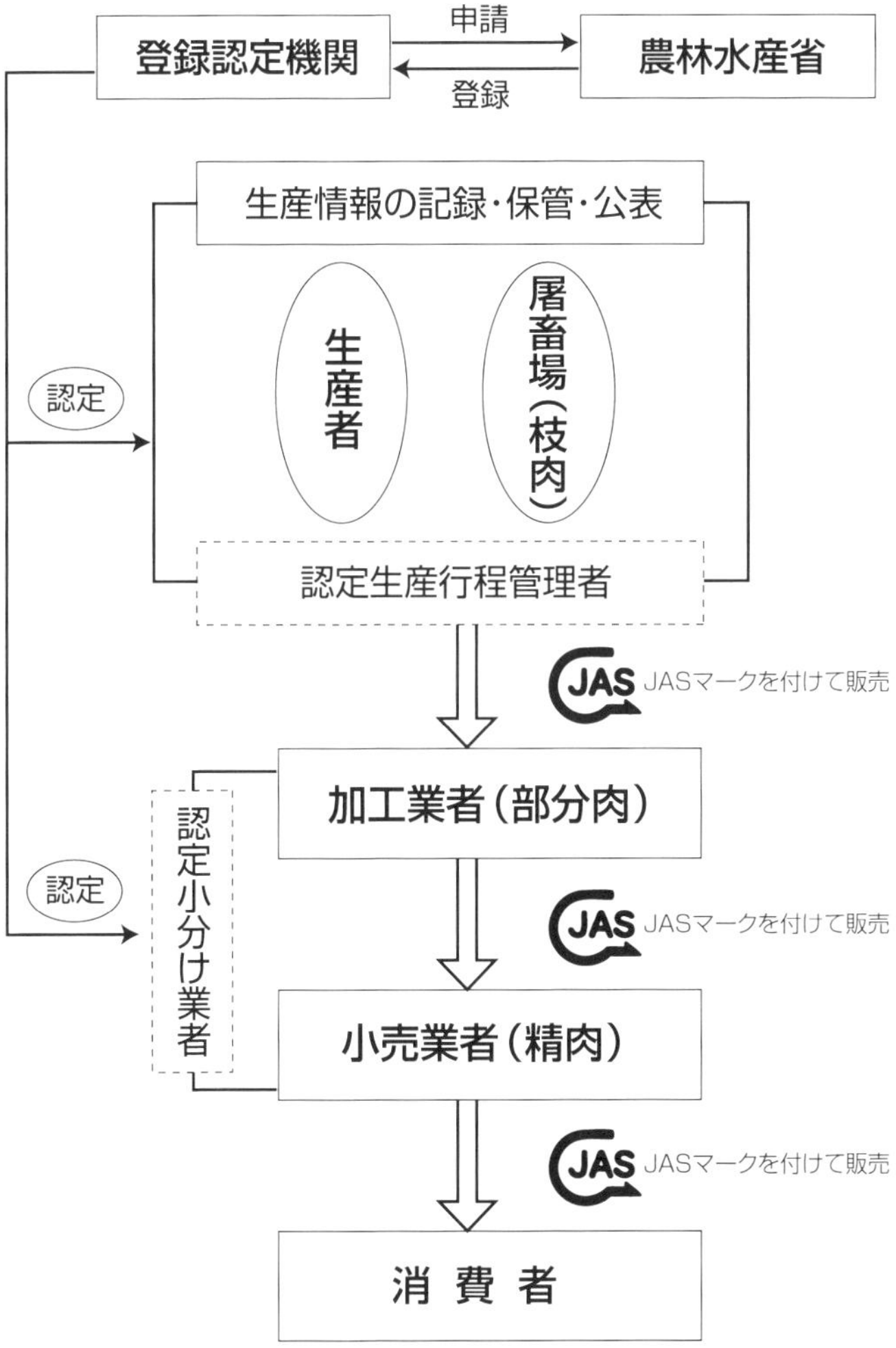

ビリティ法」（二四九ページの**図表9**参照）で一頭一頭が管理されることになった。再確認すると、その内容は

①牛の生年月日
②品種
③生育地
④食肉処理の年月日、健康状態

など情報の記録である。さらに、二〇〇四年一二月から店頭で販売される牛肉すべてに牛の個体識別番号をつけることが義務づけられた。

これと新しい生産情報公表ＪＡＳ牛肉はどこがちがうのか。それは、トレーサビリティ法によってつけられた項目に、「飼料」と「医薬品」の二項目の情報を加えて、第三者機関が認証するということである。認められれば、新しいＪＡＳマークがつく。これは牛のトレーサビリティ法と違い、義務ではなくて任意制度である。第三者機関とは、農水省に登録された認定機関のことである。

肉の安全性を誰もが考えざるを得ない今、生産者も量販店も小売店も新しいＪＡＳに関心を示している。しかし、抗生物質からワクチン、ホルモン、そして飼料の中身まで公開できる牛肉のＪＡＳマークを施行するまでにはまだ時間がかかるだろう。

情報公表がまず第一

イオンが経営するジャスコチェーンの東京都と千葉県の三店舗などに「生産情報公表JASマーク」つきの牛肉パックが並んだ。早くから、安心・安全を売りにして有機農畜産物の取り組みを研究してきたイオンは、肉の加工工場なども新マークに合わせて準備してきていた。

この新JASマークは、小売店だけ、生産者だけでは認定されない。生産者も流通業者も認定されて初めてその商品に新しいJASマークがつく。当然、生産から小売りまでを生産者と流通業者が共に取り組まないと新しい商品は生まれない。それは当たり前のことなのに、いつの間にか大きな流通業者が大量に生産させ、なんでもいいから大量に消費させていたという不思議な状態になっていた。そこには生産者と流通業者との対等な関係などなかった。こうして絶えず生産者は流通業者の顔色をうかがわざるを得ない状況が長く続いている。

今、どうにかこうにか生産者と流通業者が一緒になって、最終商品である「安心・安全」をつくり出そうとしているあらわれだと考えて、この新しいJAS認定に期待したい。

「生産情報公表JAS牛肉」認定一号になったのはJA全農グループの鹿児島の生産者グループだった（二〇〇四年四月）。数ヵ月後には和牛とアンガス牛の交雑種を飼う北海道白滝村の宮下盛次さんも認定されている。

ジャスコ店の精肉売り場には、宮下牧場の牛肉がどう流れてこの売り場にあるのかが大きく書かれている。「日本初」と記した下に「生産情報公表ＪＡＳ」マークが示されていた。ここに並んだ肉は、肉になる前、牛であった時に食べた飼料やホルモン剤、ワクチン、抗生物資など医薬品のことを情報公開できる食品であるという表示である。

ジャスコ店を訪ねてみた。おいしそうな肉が並ぶ中、注目の新ＪＡＳマーク付きの牛肉はすぐわかった。価格もステーキ用で一〇〇グラム七八〇円と、普通の同種類の牛肉とほぼ同価格である。

夕食の買い物時間をねらって行ったせいか、四〇代後半以上の女性たちでにぎわっていた。その中の何人かに話を聞いてみた。

「常連です」という五〇代の女性は、「ジャスコの食品は安全だと思う」とステーキ用の牛肉を二枚買っていた。新しいマークがついた牛肉を置いたジャスコ店は、他の安全性をも一緒に消費者に届けているようだ。彼女はいった。

「情報を公表できるということが、安全へのまず第一の取り組みだと思います。多少それによって価格が高くなっても、そうした食品を買います」

しかし、まだ誰も、買った牛肉パックについている個体識別番号を使って店頭にある情報端末から検索してみようとはしていない。その理由を聞くと、七〇歳代の女性は「機械に弱くて。それに、もしホルモン剤やワクチンが使われていたと出ても、その意味を恥ずかしいけど十分知っていないから。できたら、説明してくれる人が店頭にいてくれたらいいいね。銀行のフロアにいる案内人みたいに」といった。

確かに、私も機械に弱い、そしてカタカナ言葉にも弱い。「マークで確認しただけで買っていけ」

ではあんまりだ。この女性は一つのヒントを示してくれた。店頭の端末で検察し、その説明をしながら食品の食べ方まで話してくれるような「食の案内人」みたいな人を食品売り場におく方法はないのだろうか。それこそ「生産情報公表ＪＡＳ」食品になるだろう。

新JASへの不安

買い手が苦労する以上に、生産者も大変だ。和牛は他の農産物とちがい、繁殖農家から競《せ》り市場を経て飼育農家に行き、そこで育てられてから市場へ出ていくという特有な流れを持っている。そのため、生まれてから肉になるまでの情報管理がとても難しい。それでも、ＢＳＥ発生以来、どうにか牛のトレーサビリティ法によって情報管理が整いつつある。

前述したように、トレーサビリティに基づいた情報に飼料と薬品などを加えれば、ほぼ完全に管理できるわけだが、この二項目がなかなか困難である。

管理のカギは繁殖農家が握っている。忙しい繁殖農家が多くの時間をかけてコンピュータ化して、情報を記録しても、その牛は市場で高く売れるのか。またこうした情報を持った牛を飼育する農家は、そのデータに自分のところのデータを加えていくわけだが、その結果、新マークがついて付加価値がつくのだろうか。新マークは始まったばかりで未知数だ。

「いいことはわかっているが、新ＪＡＳを取るには人手とコンピュータなどの機械導入で金がかかってしまう。認定料だってタダじゃない。そんなもの取らなくても、信頼関係で売りたい」

「三頭、四頭と少しだけ飼っているじいさん、ばあさん牛飼いの生きにくい時代になってきているんじゃないか」と、埼玉県の和牛飼育農家の高橋清さんは心配する。

新JASマークを取らなくても、生産者と流通業者がいろいろ工夫して生産情報公開をしている場合もある。そうした人たちは、新しいマークについても「良心的な生産者と流通業者がつくりだした道を壊そうとするものだ」と批判さえしている。

こうしたさまざまな動きや心配の中で、新JASは牛肉だけでなく豚肉にも導入された。また、農水省では農産物のすべてに導入したいと議論を始めている。

わかりにくい食肉の世界

食肉流通の世界はとても複雑で見えにくい。そのわからなさを知らせてくれる事件を紹介しよう。二〇〇四年に起きた大阪府食肉事業協同組合連合をめぐる偽装牛肉事件が、やっとマスメディアに出た。第一報を知った時、私はトレーサビリティ法を考えていた。「事件」と「安全」を比べることは、おかしいといわれるかも知れない。だが、トレーサビリティ法が施行されていたら、この事件はなかったのだろうか。

私は、「牛トレーサビリティ法」があったとしてもこの事件は起きていただろうと思う。なぜなら、「食肉」を扱う業界があまりに独占的で巨大であること。それがゆえに、その力によって政官界と癒着していることがあまりにも明らかだった。大阪府食肉事業協同組合連合会をめぐる事件は、それをはっきり見せてくれた。

食肉業界の黒幕といわれていた「ハンナン」の元会長で大阪府食肉事業協同組合連合（府肉連）の副会長と大阪府同和食肉事業協同組合連合会（府同連）の会長を務める浅田満容疑者らは、BSE対策の国産牛肉買い上げ制度を悪用し、輸入牛肉を国産牛肉と偽装して、助成金を騙しとった。その額約六億四〇〇〇万円。この詐欺事件は、二〇〇一年九月に日本で初めてBSE感染牛が発見され、翌一〇月に始まった国産牛買い上げ事業を舞台に起きた。

当時BSEの発生で牛肉の消費量は低迷していた。消費者の不安を解消し、BSEの終わりを速めたいと政府は牛の全頭検査と危険部位除去を決めた。だが、これまで市場に出まわっている肉と倉庫にストックされている肉はどうなるのか。そんな不安に押されて国産牛肉の全量買い上げ、処分を実施した。この買い上げは、業者の自主申告によって行なわれた。

そんな中で、雪印食品（解散した）、日本食品、日本ハムと大手食肉企業の牛肉偽装が発覚した。その頃、取材に歩くとどこからも怒りの声をぶつけられた。

「組織ぐるみでやっているところへは行かないのか」

「タブーだからな。あそこは」

「大阪だよ。ハンナンだよ。源を洗ってくれよ」

食肉業界では「知る人ぞ知る」実態だった。それがやっと少しだけ明るみに出ただけだ。

浅田満容疑者が副会長をしている府肉連は、全肉連に国産牛肉と偽って買い取りを申請した。その中に輸入肉を混ぜていたのだ。こうして国から買い取り代として約六億四〇〇〇万円を騙し取った。

また、浅田容疑者が専務理事をしている全国同和食肉事業協同組合連合会（全同連）でも、輸入肉や内臓肉を混ぜ、国産肉として買い取らせていた。

大阪府警の捜査によると、府肉連は浅田容疑者が経営を統括している「ハンナングループ」の食肉会社などから集めた牛肉の中に、輸入肉や輸入内臓がかなり入っていたことを知りながら、申請したと見ている。全同連は二〇〇一年一一月中旬には、全肉連から農畜産振興事業団（現農畜産業振興機構）に申請し、保管経費などの名目で約四億二〇〇〇万円を不正に受け取ったとされている。そうしたことから、全同連も府同連もにぎっている浅田容疑者はむしろ不正申請を指示したのではないかと考えられる。

その証拠に、偽装がばれないように肉の焼却を急いでいる。買い取り申請が出た後、農水省は当初、国産牛であるかどうかをサンプル調査しかしなかった。それもきわめて少量であった。雪印食品の偽装牛肉事件が発覚してから、保管牛肉を一つ一つ、全部調査することになったのである。その時点で「待った」をかけたが、後の祭り。大阪の二つの団体、府肉連と府同連の牛肉は、焼却されてしまった後だった。その量は、ざっと一七〇〇トン。全国で焼却された保管牛肉の約七〇％にもなっている。どうしてこうタイミングよく大阪府のこの二団体の保管牛肉だけが、全量検査前に焼却処分されたのか。誰が考えても全量検査を事前に知っていたとしか考えられない。では、誰がどこから事前に知ることができたのか。そういえば、食肉業界の誰もが、府肉連も全同連もずっと前から政官界と深い関係があることを知っていた。

そもそも牛肉の買い取り制度さえ、この二つの団体の力によってつくられた。当時、町の焼肉屋さんも、牛肉屋もガラガラで倒産寸前だった。下がる一方の牛肉価格と売れないオス子牛、毎日出ていく飼料代に、牛飼いをやめる人も出ていた。BSEの見えない不安に眠れない夜が続き、捨て牛のニュースがマスメディアに大きく扱われていたのもこの頃のことだ。

そんな一方で、牛肉の買い取り、肉骨粉の買い上げ制度だけが、あっという間に進められた。

この政府の早い対策を私は当然喜んだ。同時に、生産者や小売店にもその対策をと思った。それが、食肉業界の一部と政官界の癒着によってなされたとなれば、「牛肉の安全」対策どころではなかったわけだ。

ここに、二〇〇二年三月三一日付けの新聞『赤旗』日曜版の切り抜きがある。「ハンナン」と政官界との癒着を取り上げた最初の記事であったと思う。これによると、自民党（当時）の鈴木宗男議員が農水省を恫喝《どうかつ》して牛肉の買い上げを主張したという。それを裏づけるように、鈴木議員の事務所にあった政治団体「大阪食品流通研究会」の大阪連絡事務所は浅田容疑者が社長をしていた会社にあった。この政治団体は一七年間で約二億円を集めていた（『しんぶん赤旗』二〇〇二年七月二一日付）。

また、食肉業界紙のある記者は「赤旗はよく報道した。中身は関係者なら誰もが知っていること」と、こんなことも付け加えた。

「府肉連も府同連の幹部も農水省のお偉いさんと通々だった。もちろんBSEではがっぽり儲けたのではないとか思う。牛肉ばかりでなく、肉骨粉も中身はオカラや生ゴミを混ぜていたっていう話だってあるからね。なにしろ、知っていても明らかにするには恐ろしいから」

食肉流通の世界は複雑で難しい。

●エサ問題

安全な飼料を求めて

安全な肉を食べ続けていくには、安全な飼料を安定して確保していくことが不可欠である。国は「食料・農業・農村基本計画」（二〇〇〇年決定）で、飼料作物の増産を掲げている。飼料作物の作付け面積を増やすのは当然で、単位当たり収量も増加するように「計画」の中で目標を出した。その翌年（二〇〇一年）に肉骨粉が原因と見られるBSE感染牛が発生したわけだから、飼料自給率の向上は是が非でもやらなければならないところまできていたはずである。ところが、肉の安全供給を叫ぶ消費者、遺伝子組み換えのトウモロコシや麦などに反対する人々も、飼料自給率を高めるということについては、静かだった。

日本の飼料作物作付けの現状を見ると悲しくなってしまう。牛飼いの努力によって少しずつ伸びてきた飼料作物の面積も、一九九一年をピークに減り続けている。その頃には、全国で飼料作物は一〇四・七万ヘクタールつくられていた。今は当時より三万余ヘクタールも少なくなった。国が指導を始めても減少し続けている。収量の方もかんばしくない。ヘクタール当たりの収量は、一九九〇年をピーク（四三・一トン）に減少し、二〇〇二年には四〇トンを切りそうである。国の政策目標では、二〇一二年までに四四・六一トンにするはずだ。それがどんどん減少しているわけだから、きわめて困難な状況といえる。

もう少し、日本の飼料のことを見てみよう。飼料と一言でいっても、複雑である。大きく分けてトウモロコシや大麦など穀物の「濃厚飼料」と、牧草や稲ワラの「粗飼料」の二つに分かれる。そして、濃厚飼料、粗飼料の両方に国産飼料と輸入ものがある。また、大豆油の搾りかすやビールかす、オカラなども飼料として使われている。これらは国内で加工したもののかすだから国産飼料だと思ってしまうが、実は原料の大豆や麦のほとんどが輸入ものである。こう見てくると、純粋な国産飼料はとても少なくなってしまう。

『流通飼料便覧』で見ると、二〇〇一年の飼料供給の割合は、約七五％が輸入飼料で、国産飼料は二五％である。しかも、飼料の中心になっている濃厚飼料の多くを輸入に頼っている。大豆かすなど原料が輸入のものも加えると、九割強の飼料が輸入飼料ということになる。

その飼料の最大の輸入先はアメリカである。なにしろ、アメリカの輸出飼料全体の約四分の一を日本が買っている。アメリカにとって日本は最大の飼料お得意先である。

飼料の九割を外国に頼っている日本畜産は、海外とりわけアメリカの穀物市場に安全問題だけでなく価格面でも急所を握られているといっていい。反芻《はんすう》家畜の牛はともかく、今やほとんど濃厚飼料で飼われている豚や鶏は、完全にその構造の中に組み込まれてしまっている。

鳥は生きもの

鳥インフルエンザが日本で発生した時のことを思い出していただきたい。毎日毎日、大写しにされるテレビ画面の鳥インフルエンザニュースを、私はいたたまれない思いで見ていた。白い防具服をまとって不眠不休で鶏舎や周りを消毒する人たち、大量に処分されていく鶏たち、そして、鳥インフルエンザは出てはいないが、その危険エリアにあるため、怒りをぶつけることもできず、不安な毎日を自分たちの鶏と共に送っている小さな養鶏家の人たち。そのような農民や関係者との付き合いが長いだけに、彼らの悲しみや怒り、不安が心にしみた。

その一方で、何をつくっている工場だろうかと思うような大きな養鶏場が写し出される。そこで働く人はみんなきれいな作業着をまとい、出たり入ったりする車も人間も完全に消毒される。養鶏場というよりも、まるで伝染病病棟を思わせるほどの衛生管理が行き届いている。ここから出荷されてスーパーに並ぶ卵は、「○○森の卵」や「○○自然卵」などと、素敵な名前がついていた。

多少いろいろなことがわかっている私でさえ、その夕方のスーパーでの買い物では、つい「森の卵」に手が出てしまう。ニュースを通して、鳥インフルエンザが発生した西の卵より、東の病院で生産されているような森の卵がより安全とすり込まれているのだ。

不衛生で管理の良くない飼育では当然、いい鶏卵や肉、乳などの生産は無理だろう。プロの農民なら、家畜にとって最高の環境で飼育しようとしているはずだ。だからこそ、自分に合った飼い方と飼う量が決まってしまう。適量を超えて飼えば、どうしても飼い方も飼料も機械化、システム化、他人まかせになってしまう。いくら病院のような「大工場」で管理されていようが、鳥はそもそも生きものだ。その生きものがたぶん圧倒的に輸入飼料を与えられているであろうということなど、テレビからはうかがい知ることはできない。

卵だけのことではない。肉でも同じだ。その飼料を生産している国では遺伝子組み換えを最も優れた食糧供給手段として推し進めているということ、そして、その種子や技術を地球的に独占している企業がその国をコントロールしているということなどは、テレビには出てこない。

家畜はかつて、人間の食べ残しと、雑草など人の食べない草を食べて飼われてきた。そして、命が尽きたら人間に食べられる。特別な日にその肉をいただいて人は生きてきた。こうした当たり前のことが、もう昔のことになってしまっている。一頭の牛を飼うのに一ヘクタールの牧草地が必要だという。何千頭、何万頭と飼うようになると、森や林をつぶし、山さえ崩してしまうことになる。

牛が増えれば、飼料が必要になる。肉商人が世界を飛びまわるようになると、飼料商人、穀物商人たちが、地球上の国々でこれまで持っていた農業や食文化をどんどん崩していった。本来人間が食糧にしていた穀物を奪い、飼料という商品にしてしまったからである。

ところがその一方には、今でも多くの人が飢えているという事実がある。いろいろなことのバランスが崩れ、いびつになってしまった。あげくのはてには、肉骨粉まで飼料にして、ＢＳＥといった正体のわからない病に怯えることになってしまったのだ。人の残飯をエサに飼育された畜産の時代はすっかり忘れ去られ、人を食い、自然を食い、生命を食い尽くす畜産が「近代畜産」といわれてきたのである。

飼料の自給は、そうした危ない畜産に対して安全・安心な畜産を確立するために不可欠のことである。

日本では、穀物など濃厚飼料だけでなく、牧草や稲ワラなど粗飼料の輸入も一九七〇年代から始まり、今では二〇%がアメリカ、オーストラリア、中国などから輸入されている。粗飼料の輸入量は年々増加している。その大きな理由は、大豆かすなど輸入原料に基づくものが急激に増加しているからだ。スーパーで油を求める時、あなたは裏をひっくり返して、遺伝子組み換えではないものや国産ものを探すことだろう。その時、忘れずにこの油のかすが自分の食べる肉や卵の飼料になっていることを思い出していただきたい。

そんなわけで、飼料一つとっても、複雑に絡み合い、世界の動きに私たちの食卓が組み込まれていることがわかる。しかし、そんな中でも、自分で飼料を生産し、工夫と努力で経営を安定させて、安全な畜産物を生産している人たちがあちこちにいる。地域に根をはり、工業畜産を土と共にある未来の畜産につくり直していこうとしているそんな人たちを応援していきたい。

カギ握る飼料稲づくり

牧草や稲ワラなどの「粗飼料」も二〇%が輸入されるようになったが、飼料自給への動きもある。たとえば、飼料用稲の作付け面積が着実に伸びている。一九九九年には七七ヘクタールだった飼料用稲の作付け面積は、二〇〇〇年に一気に五〇二ヘクタールになり、二〇〇三年の作付け面積は四九一七ヘクタールと、二〇〇二年より約一六〇〇ヘクタールも増加した。

飼料用稲の生産がこのように伸びた背景には、水田農業経営確立対策と国産粗飼料増産緊急対策事業（稲発酵粗飼料給与技術確立）という国の二大政策による助成がある。国内で口蹄疫が発生した二〇〇〇年を契機に、国や関係団体が「稲ワラ完全自給運動」を展開しはじめたのである。

しかし、順調に普及している飼料用稲も、よく見ると地域的に偏っている。熊本県が約一三〇〇ヘクタール、宮崎県が約八三〇ヘクタールと二県だけで約四割を占めている。一口に飼料用稲の栽培といっても、いろいろと大変で、この両県で普及したのはそれなりの理由がある。

一軒の農家が飼料用稲をつくり、それを飼料にして自分のところで家畜を飼うというのなら簡単だが、なかなかそうはいかない。家畜を飼う農家と稲作をする農家の協同という場合が多い。しかし、稲作農家が飼料用の稲をつくっても、それまでの稲作収入と同程度の所得がなければ困る。畜産農家の方も、ただでさえどんどん畜産物価格が下がっているのに、安全というだけで高い飼料用稲を買うわけにはいかない。また、家畜の糞尿を堆肥化して、それを稲作農家が稲作や麦作に使ってくれればいいが、そうでないとその処分にも困ってしまう。そこで、飼料稲をつくる農家に国が助成金を支払い、畜産農家と飼料稲農家とが協同してやっていけるようにしたわけである。

宮崎県国富町は二〇〇三年で三〇五ヘクタールと、全国一飼料稲の作付け面積が多いが、国富町はまた日本一の葉タバコ生産地でもある。宮崎県は他県より早くから自給飼料と畑作、稲作を総合的に結ぶことを考えてきた。特に同町では一九九六年から飼料稲の研究を始め、役場、農業普及センター、農協（JA）、畜産農家代表、耕種農家（稲、ムギをつくる農家）代表の五者で「国富町飼料用稲生産振興会」（二〇〇〇年七月）を立ち上げている。

国では国産粗飼料増産緊急対策事業の対象を稲発酵粗飼料としている。稲発酵粗飼料とは、稲の子実《じつ》が完熟する前（糊熟期から黄熟期）に、子実も茎も葉も稲全体を刈り取り、サイロに入れ発酵、調整した飼料のことである（子実だけや稲ワラだけを単体で家畜に与えない）。こうした稲飼料は栄養的にも、家畜の健康にもすぐれた飼料と高い評価を得ている。

一方で、国富町には葉タバコの連作障害防止や稲作の転作問題という課題がある。国の事業に合わせて飼料稲を栽培することにより、その問題も解決できないかと考えたわけである。特産品の葉タバコは連作障害が出るため、数年に一度耕作地を休ませなければならない。そこに飼料稲を栽培すれば、後にも述べるが、土壌がきれいになる効果があるので一石二鳥だ。

こうして、国富町は、スタートした年に転作面積の約二〇％を飼料稲とし、二〇〇一年には約三〇％にまで伸ばした。今では転作推進を勧めるのに悩む必要がなくなったというほどだ。うまくいっている理由は、稲発酵粗飼料を中心にすえて、町じゅうが回転しはじめたからである。

国富町では、行政は黒子になってシステムづくりをしたが、稲発酵粗飼料の取り引きについてはいっさい口を出していない。これが良かったのだろう。

稲をつくる耕種農家と畜産農家やその農家集団同士がお互いに話し合い、契約書を交わす。基本的には耕種農家が無償で飼料稲を畜産農家に供給することになっている。こうした契約グループは全町に広がり、二〇〇一年には一二〇グループもできた。参加している農家は五七五戸と、全農家の三二

%。全畜産農家の約六割がこの事業に参加するなど、畜産農家の自給飼料への取り組みが進んでいる。何よりも、全町をあげて取り組むことで、この町の農業を農民全体で考えていけるようになってきた。そのことが、農民以外の町民へと広がりはじめている。

助成金があって成り立つ

無償の取り引きでなぜ農家同士がうまくやっていけるのか。それは国の制度で助成金があったからだ。二〇〇一年度では、助成金は七万三〇〇〇円（一〇アール当たり）だった。この助成金から苗代、農薬代、肥料代など生産量を差し引くと約四万八〇〇〇円残る。これが耕種農家の収益になった。そして、畜産農家にも一〇アール当たり二万円の助成金がある。

助成金や現状の米価、そして飼料稲の生産力などを考えに入れた計算式がある。飼料稲をつくって、無償で畜産農家に渡した場合、稲作所得と比べてどうなるのかというものだ。それによると、稲作所得より大ざっぱに計算して一万四〇〇〇円（一〇アール当たり）の減収になる。

実は、この助成金は引き下げられる方向で動いている。近い将来ゼロになるだろう。本来の自然循環の中で営まれる日本の畜産を取り戻すためにカギを握っているかに見える飼料稲の栽培は、国が力を入れないかぎり成立しないのではないか。「食糧政策」として、国家予算で畜産農家と飼料稲作農家の関係を確立していくことが大切だ。

国富町で飼料稲栽培が普及したポイントをまとめてみよう。

①口蹄疫やBSEなどで自給飼料確保の気運が高まっていた。

②飼料稲といっても、同じイネ科なので耕種農家では栽培技術には苦労がない。

③飼料稲はこれまでの「イタリアン」などイネ科の牧草と親戚の草なので、牛も畜産農家も抵抗がない。

④水田に葉タバコをつくった後に飼料用稲をつくると、葉タバコに与えた肥料などを飼料用稲が吸って、土壌をきれいにしてくれる効果がある。

⑤耕種農家に最高一〇アール当たり七万三〇〇〇円、畜産農家へ二万円の助成金があった。

⑥町が種子代を全額出した。苗代は三分の一補助。

耕種農家と畜産農家が連携した町づくりが、国などの助成金が打ち切られても、今度は農産物を食する生活者が加わることで、発展していってもらいたい。

二割の稲ワラが中国産

家畜に不可欠な稲ワラも約二〇％が輸入されている。二〇〇一年、日本に輸入された稲ワラは二一万六〇〇〇トンで全量中国産だ。瑞穂《みずほ》の国といわれた日本で稲ワラまで輸入しなければならなくなっている。

次のようなことが指摘されている。

①コンバインの普及で、稲作農家は稲ワラを細断して、地力増進のため田んぼにすき込んでしまう。
②細断されるので飼料用に集めにくい。
③稲作農家が高齢化、兼業化し、より大型機械化されているため、稲ワラは捨てられたり、燃やされたりしてしまうことが多い。
④稲作農家と畜産農家の連携が困難。特に大規模畜産になればなるほど輸入稲ワラを求めてきた。
⑤稲作も大規模になればなるほど、大型機械化され、稲ワラの飼料化まで考えにくくなっている。

二〇〇〇年三月に、国内で口蹄疫が発生した。口蹄疫は牛や豚のウィルス性の病気で、家畜伝染病の中では最も伝染力が強い。感染した家畜に接触した場合、まれに人が口蹄疫に感染した例はあるが、感染した家畜の肉からは人に感染しないといわれている。

伝染力が強力なため、口蹄疫が発生した場合、早く見つけて、殺処分防疫を基礎にウィルスを壊滅させなければならない。うっかりしたら畜産そのものが崩壊しかねない。二〇〇〇年に日本で発生した時には、日頃の危機管理体制が良かったのか、大事にいたらず終息させることができた。

この時、国際獣疫事務局は日本での口蹄疫発生の原因を「中国産乾牧草の関与が否定できない」と結論づけた。

一九九四、五年頃から、香港の豚に口蹄疫の症状が出はじめ、一九九七年には、台湾で多数の豚が死亡した。香港の豚は中国本土からの輸入が多かった。香港から海を渡って口蹄疫ウィルスは台湾へ拡大した。台湾では三八五万頭の豚が殺され、やっとおさまった。口蹄疫が発生すると、発生地域からの牛、豚、羊など偶蹄類の家畜やその家畜の肉などの輸入を禁止するきまりが国際的にある。台湾では、日本への豚肉の輸出を停止した。豚も処分し、輸出禁止となり、その被害はざっと四〇〇〇億円以上といわれている。

このように、家畜や肉、そして飼料などが海を渡っていくうちに、口蹄疫ウィルスもどんどん広がっていく。日本にも稲ワラに隠れてウィルスは中国からやってきたのだ。

中国産稲ワラは、安価で品質も安定、その上、業者に電話すれば、庭先まで運んでくれる。そんな使いやすさから、大規模肥育農家を中心に中国産稲ワラへの根強い需要がある。稲ワラの農家購入価格は、キロ当たり四〇円から五〇円で、中国産の方が五円ほど安い。また、中国産は四角に圧縮梱包されて届けられるので、飼料を家畜にやる時、日本のもののようにカットする必要がなくて便利だ。

口蹄疫が東アジアを中心にあちこちで発生し、そのたびに、発生国から飼料（稲ワラを含め）の輸入を禁止する。また、日本で口蹄疫が発生して、改めて恐ろしさを意識した農家は多い。それを示すのが国や農業関係団体などが取り組みだした「稲ワラ完全自給運動」である。

「BSEの原因が輸入の肉骨粉を知らずに使っていたことだと考えれば、絶対に輸入稲ワラは使ってはならない」

危険性を持っている輸入稲ワラを使うことは日本畜産の命取りにもなりかねない。

中国産稲ワラから生きたニカメイチュウ

中国産稲ワラは、植物検疫と動物検疫の二つの検査を受けて入ってくる。植物検疫は植物防疫法に基づき、病害虫などを対象に検査する。二〇〇二年に、この検疫で中国産稲ワラからニカメイチュウ（ニカメイガの幼虫）が発見された。ニカメイチュウは稲を食べてしまう恐ろしい害虫である。すぐに検疫証明書の発給停止措置をとった。輸入停止である。

稲ワラを輸入する時は、産地で蒸気消毒という方法で処理しなければいけないことになっている。植物防疫法上で「八六度以上、四分間以上」と、家畜伝染病予防法で「八〇度以上、一〇分以上」の二つの基準が定められている。この法に基づいた処理をしていれば、ニカメイチュウは生きていないはずである。ニカメイチュウが生きて日本まで旅してきたのなら、口蹄疫のウィルスがいた場合も死んでいないだろう。ニカメイチュウ発見を知った関係者は、「背筋が寒くなった」と口蹄疫の再侵入を心配している。

日本の農林水産大臣が認めている稲ワラ加工施設は中国の一九の工場だけである。その中の一工場のものにニカメイチュウが入っていた。二〇〇〇年の春にも、未処理の稲ワラを輸出した工場が、中国の稲ワラ輸出協会から除名処分を受けている。

動物検疫は、家畜伝染病予防法に基づいて、口蹄疫などを対象に行なう。中国の稲ワラの場合には、中国側の処理が法にそって確実になされていると想定されている。手順としては、農水省から派遣された検査官が現場に行って、消毒処理に立ち会う。続いて中国側が輸出検疫証明書を発給。コンテナに稲ワラを入れて封印、日本へ向けて船出する。

日本の港につくと、動物検疫される。この検疫がひどく簡単だ。農水省の検査員が現地まで出向いて消毒処理現場に立ち会っているから、あとは船中で封印が解かれていなければいいというわけか、荷物の封印を確認し、検査官は動物の糞や尿などがなければＯＫを出す。科学的な検査はなし。

だが、ニカメイチュウが見つかった時も、輸出検疫証明書があったのに、幼虫は生きていた。検査官は消毒処理の現場に立ち会っていなかったのだろうか。それとも、見るだけでは基準の条件で処理されているかどうかわからないのだろうか。

検疫を完全にやらないと、飼料の安全も確立しない。

●模索する有機畜産への道

安全でおいしい肉

畜産農家が生きのびていくには、生産から販売、加工まで一貫してやるしかない。それが、「安心・安全」な肉を確実に消費者に届けることにもなるからだ。

自由貿易協定が世界中を荒らしまわっているあいだに、安い肉がどっと外国から流れ込んだ。日本の畜産農家はあっという間にその流れに呑み込まれてしまおうとしている。しかし、日本の畜産がどんどん農民から奪われていく中で、「小さくともいい、本物の家畜を飼い、肉を届けていきたい」という畜産農民たちが全国に小さな星のように輝きはじめている。そんな畜産農民たちと本物の肉を求める人たちが手をつなげるよう、私の出会った人たちを紹介しよう。

「なんでスーパーで買った肉と違って、お宅の肉は臭《にお》わないの？　豚ロースが特にうまいけど」と親類に送った肉のことをほめられ、それなら直売しようと生産・加工・販売の一貫経営に取り組んでいる人がいる。

長崎県南高来郡有明町の林田英隆さんと崇真子さん夫妻である。一〇年ほど前から豚を飼ってきた。おいしくて安全な肉をつくるには、自分で納得したエサを豚に与えることしかない。できるだけ自家生産でビタミンなどの栄養価の高い丸粒トウモロコシや大麦を確保し、それに大豆かすを配合して与えている。中身のわからない配合飼料や抗生物質などはいっさい与えていないという。また、豚も人間と同様で、水質の良し悪しが健康を左右する。だから、安全なミネラルを含んだ地下水をボーリングして探し出し、それに遠赤外線セラミックを利用して、いい水を与えている。

林田さんは「みんなが私たちの肉をおいしいといってくれる理由は、このエサと水にあると思う」と確信している。

こうしてつくりだされた豚肉を、おいしいといってくれる人に分けてあげようと、「巧房暖健《こうぼうだんけ》」という直売所をつくった。直売所には加工施設と喫茶室もある。精肉はもちろん、ソーセージ、ジャーキーなど一五種類の豚肉加工品も販売している。これらの加工品は、夫妻で研究し続けて、できるだけ無添加に近づけている。防腐剤などを使ってない加工品は、自然食レストランなどに取引されている。おいしさと安全が口コミで広がり、生産が間に合わない。

岩手県藤沢町の「館ヶ森アーク牧場」は、養豚を中心にしたマーケット、レストラン、ペンションなどがある農のテーマパークだ。ここの代表は橋本志津さんという女性である。

館ヶ森アーク牧場は、牧場経営の地に年間五万頭の肉豚の出荷をする㈲橋本ファームと加工部門の㈲館ヶ森ハム工房のグループ企業である。これら全体をあわせて、年間売上高は約二三億円（二〇〇三年度）。従業員は六〇人と農民資本としては珍しい大きさだ。

そもそもは埼玉県深谷市で養豚をしていた。岩手に移ったのは一九七五年のこと。二〇〇一年に社長の夫が亡くなって志津さんが社長を引き継いだ。

豚は肉質のよい米国生まれのハイブリッド種（交雑）の「バブコック・スワイン」を夫が導入していた。自社農場の豚肉を使ってハムやソーセージをつくりたいと、ドイツにも研修に行った。ドイツのマイスター直伝の技を生かしたハムやソーセージは、ドイツのコンクールで何度も入賞しているほどである。

女性として台所に長く立ってきた者として、家族の健康や食の安全を求め続けてきた代表は、今、そのことを経営の中心にしたいという。

安全でおいしい豚肉に合わせて、地元特産の南部小麦でつくったパンやうどんを開発し、自主農場の卵を生かしてマヨネーズやケーキもつくっている。

「中心は豚だが、加工部門を充実させたい」と食べものつくりに意欲を燃やしている。

畜産農民が自ら直売所を

また、飼い方を工夫し、直売所で消費者に支えられながら頑張る人も多い。

「豚と同じ目線に立ち共存すること」という岩波重勝さんは、秋田県秋田市で「太平山ポーク」を販売している。「太平山ポーク」は、中国系の黒豚を岩波さんが独自に品種改良した豚肉である。

飼料もできるだけ自分たちの納得いくもので、予防接種以外は薬剤投与もしない。それでも豚は病気になることがある。そんな時、豚の病気を治すために東洋医学療法を学んだ。「いろいろな技術をやってみたが、豚も人間と同じ生き物と当たり前のところに行きつき、そこから品種改良を手がけた」

出荷量の約三〇％を精肉加工して直売所で販売。「くせがなくておいしい」と評価が高い。ゆくゆくはすべて直売所で販売したいという。

ミートアドバイザーをおいて、おいしい食べ方から調理のしかたまで手ほどきしてくれる生産者がつくった豚肉店が誕生した。秋田市の空港道路入り口近くにオープンした豚肉「八幡平ポーク」の専門直売所「ディアポーク」である。「ディアポーク」は、農事組合法人「八幡平養豚組合」のお店である。「八幡平ポーク」のブランド名で年間約四万頭の豚を出荷している。かなり知られているブランドである。

この生産組合が、自分たちで生産したものを直接消費者に手渡したいと直営店を出したのである。現在二店舗。直営店なので、新鮮で安全が売りものだ。精肉のほかベーコンやソーセージ、ホルモン煮込みなど加工品もある。

また、店にはアドバイザーがいて相談にのってくれ、必要に応じてカットやスライスもしてくれる。試食コーナーでは食べ方や生産の方法など、豚に関することを何でも聞くことができる。

豚の部位も種類が豊富で、目で確認し、舌で味わって求められるとあって、人気が高い。新しい生産者のあり方を出している店である。

神奈川県横浜市には「横浜農協食品循環型『はまぽーく』出荷グループ」（養豚農家一三人）というユニークなグループがある。食品リサイクル（食品残渣）を使用した養豚である。学校給食や飲食店などの食品残渣を製造して飼料にし、配合飼料（独自に安全なものを配合）と混ぜて肥育前期に与える。こうして飼料管理と飼育管理をしっかりやって食味テストをしたものを、「はまぽーく」というブランド名をつけ、横浜公園市場に出荷している。市場でも香り、柔らかさ、脂のりなどが優れていると評価されている。

月約一五〇頭出荷。将来は年間一万三〇〇〇頭出荷と見込んでいる。肉は学校給食にも利用してもらうようにして、子供たちに食品リサイクルを学んでほしいと夢を描いている。

いい遺伝子でおいしい肉

いくらおいしくとも、大きくなるのに時間がかかれば飼料代もかさみ、効率が悪いと捨てられていった肉質のいい品種の豚がいた。中ヨークシャー種である。中ヨークシャー種はイギリス原産種で、日本ではおいしい豚として親しまれてきた。しかし、肥育期間が約九ヵ月と主流豚（大型種ＬＷＤ）より三ヵ月ほど長い。畜産の工業化、効率化の中で、中ヨークシャーは減り続け、「世界的に見てもほとんどいない状況」（農水省畜産振興課）である。農水省によると日本国内の豚（種豚と肉豚）の飼育頭数は約九七〇〇万頭だが、中ヨークシャー種はわずか一四〇〇頭ぐらいで全体の〇・一％にも満たない。

「この種を絶やしてはならない。これこそおいしい豚の大もとだ」と中ヨークシャー種を基本に養豚一貫経営をしている人がいる。

埼玉県児玉郡美里町の白石光江さんである。一九七八年から母豚三五頭を飼い、「幻の豚・古代豚」の名で直販している。

「肉質の良さは、遺伝子で決まる」と白石さんは中ヨークシャー種にこだわり続けている。

「いい遺伝子の豚に、安全でいいエサを与え、管理をていねいにすれば、おいしい豚肉はできる」と、白石さんのところは非遺伝子組み換えトウモロコシと大豆、麦を配合して飼料にしている。乳酸菌や納豆菌も飼料に混ぜて、抗生物質やホルモン剤を使わないようにしている。

飼育環境も開放豚舎で、乳酸菌などの微生物を混ぜたおが屑を床に敷いて防臭効果を考えた。長時間肥育なのでリスクもあるが、豚とのコミュニケーションで肉の味をしっかりのせることができるという。

販売はすべて直販。年間約六〇〇頭を出荷し、肉加工は業者委託。地元の消費者約四〇〇軒に宅配しているが、大手量販店やデパートにも出荷している。個人客は会員制である。購入希望者は五軒グループを単位に申し込むことが入会条件とかなり厳しい。価格は市場価格の約二倍ほど。それでも生産が間に合わない人気だ。また、インターネット販売も行なっている。通信販売サイト「楽天市場」で一日の売り上げが全商品（約八〇〇万点）のトップになったこともある。

「幻の豚・古代豚」の商品登録を取得し、ロースやバラなど八部位のうち三部位を入れた「お楽しみセット」のみを販売している。高校教師を定年退職した白石さんのお連れ合いは、「肉のロスをなくし、労働力を軽減して安くておいしい肉を販売したいから」という。

「久慈ミート」が今、東北で知る人ぞ知る人気を得ている。岩手県二戸市に二〇〇三年、養豚家久慈剛志さんが設立した食肉工場である。二〇代の久慈さんは、お父さんの周平さんと「久慈ファーム」で「折爪三元豚・佐助」という豚の品種を独自に開発し、飼育している。父子共に豚の研究家ともいえる。

折爪三元豚というのは、豚の品種であるランドレースと大ヨークシャーとデュロックの三品種を掛け合わせてつくりだした。「三元交配豚」と呼ばれる。ここまでの品種を誕生させるまでには、多くの時間がかかっている。これは「おいしい」という肉質を重視し、系統を選択しながら交配していったものだ。「佐助」は久慈さんのおじいさんの名前からとったもの。つまり、豚飼い初代の祖父の名である。佐助は久慈家三代の夢の実現であったわけだ。

「この佐助のおいしい肉を特別の肉として売りたい」と三代目の若者は「久慈ミート」をつくった。飼料は非遺伝子組み換えの大豆、麦などをできるかぎり近場で集め、それに二〇〇〜三〇〇年前の地層にある植物の炭化したものを配合している。

販売は、まず地元からと地元直売所「ふれあい二戸」で行なっている。ウインナーなどの加工もしているので、これらは盛岡市内のデパートで販売。その他、地元のレストランやラーメン屋、ホテル、旅館などにも卸している。

久慈青年の夢は東京への進出だ。東京で、豚のことはなんでもわかる、しかも豚丸ごと（すべての部位）を使ったさまざまな料理のある専門店をつくりたいといっている。

土に根ざした家畜の飼い方

「昔からの牛飼い方法を今に生かそう」と、全国各地で放牧が広がっている。そのやり方はさまざまだ。共通しているのは、工業化させられてしまった家畜の飼い方を、土や自然に戻そうということ。それが飼料コストを下げる最短の道で、安全な肉をつくり、自由市場世界で生きのびられる道でもある。その牛を誰よりもよく知っているのが、家畜と共に生きてきた農民である。

里に近い小さな山や減反で放置されてしまった田んぼ、そして後継者のいない段々畑や放置果樹園、桑園に、牛や豚、鶏を放牧しようという試みだ。その試みは、点から面になっていく勢いである。いくつか例をあげてみよう。

鳥取県大田市は、全国的にも放牧の進んでいる地域である。里地や里山を使った放牧が一九八〇年代から確実に伸び、九〇年代に入ってから急増している。この地域は、肉用牛と酪農だが、肉用牛を飼っている農家の放牧が多い。肉用牛飼養農家の約四割の六〇戸が放牧している。

大田市も他の地域と同様、農民の高齢化や後継者不足から耕作しないで放置された田畑が目につく。こうした田畑は大田市で約四五ヘクタールで、そのうちの一割ほどに牛を放している。農家の住まいにきわめて近いところにあるこうした放牧田畑を利用することには、多くの利点があるという。

たとえば、親牛（繁殖牛）四頭を一六五日間放牧している小さな牛飼いは、「最初は大変だったが、七年目になるといいことずくめ」と意外な話をしてくれた。

草食家畜なら畜舎に入って与えられている飼料を食べるより、広い草地に出て動き回り、好きな草を食べることを大喜びすると思っていた。ところが、放牧したばかりの頃は牛が馴れなくて自分で草を見つけて食べられなかったというのだ。牛が馴れるまでは、面倒をみて補助飼料を時々与えてやらなければならない。そうしないと、せっかく良かれと思って放したのに、栄養状態が悪くなってしまう。しかし、牛が本来の力を取り戻して草を見つけ、食べ出すと、畜舎で飼っていた時よりずっとよく食べ、肥ってくる。こうなってくればしめたもの。もう牛にまかせておけばいい。ここにいたるまでに三年ぐらいかかる。この間、手がいったり、気苦労があるので、つい買い飼料に戻ってしまうが、がんばってやってきた結果、七年目にして、粗飼料といわれる牛にとって欠くことのできない牧草、野草、稲ワラがぐっと増えて、逆に麦や大豆など穀物飼料を大きく減少させることができた。

自給飼料が放牧によって多くなって、経営的に良くなったこともあるが、「労働力が減少して、家族がとても楽になった。その上、この飼料にBSEを心配するものが入っていないだろうかなどと気苦労することもなく、遺伝子組み換え飼料も使わなくていい。とにかく精神的に安心です」。

五〇代の男性の牛飼いは「一人では放牧はむりだが、少しだけ行政が力を貸してくれればできる」と、放置されている田畑・山を使っての畜産のあり方を勧めている。

牛飼いの家族が元気で幸せに暮らせていれば、そこから生産される肉は、当然、健康な牛肉に間違いない。そんな当たり前のことが、いつの間にか失われてしまっていた。家畜の運動場も持っていないで、周年畜舎で飼育しているのが当たり前になってしまった。急に広い里地や里山に放たれた牛も飼い主も、前述の牛飼いの男性が経験したように、自然に馴染めないところまできていたことを思い知らされた。

そこで大田市では、ユニークな事業を始めた。放牧経験豊かな農家と放牧牛をを登録し、放牧をしようとしている農家を手伝うというものだ。これを受け入れ、鳥取県では「放牧アドバイザー派遣事業等」に積極的に取り組んでいる。

とはいっても現実はなかなか難しい。放牧したいと思っても、耕作放棄地など管理がされていない里地の多くは個人所有である。その上、後継者がいないところは、都会育ちの二世が圧倒的に多い。農地管理の苦しさを知らない二世は、農地を資産と見てしまう。

「里山や里地全体の管理を抜きに放牧はむり。日本の畜産を守るためというより、畜産を使って、農地や山は個人のものでないことを知らせたい」

地域内で数々のトラブルを抱えながらがんばっている前出の牛飼いの男性はこう語った。

牛と花のある島

農事組合法人「北淡路肉用牛生産組合」は、肉牛を約八五〇頭飼育している。兵庫県東浦町にある同組合は、草地三〇ヘクタールを保有する。牛の胃袋を健康なものにしておくには、子牛の時から安全な草が必要だからと、ここで育てられる牛は、牧草地に隣接する草地に放牧している。

また、淡路島といえば、花畑で有名である。県の事業で運営されている一六ヘクタールの花畑「花さじき」も、この組合の放牧場にくっついている。花いっぱいの牧場に牛が遊んでいる公園といった感じだ。肉用牛生産組合の人々の経営そのものが、「牛のいる風景」として、観光資源になっているのである。

牛の放牧をそのまま景観として位置づけようと努力する行政も増えてきているが、むずかしい。景観だけでは生きていけない牛飼いたちの現状があるからだ。ここ淡路島でもそう簡単にことが進んだわけではないだろう。

この組合は、「消費者に安全・安心を届ける生産者でありたい。と同時に地域振興の中で放牧の発展を」と牛の放牧を位置づけてきた。一九八〇年創業以来、契約農家としっかりと連携しながら子牛を確保して二〇年余りがたつ。ここでは契約農家から生後一〇日ほどの子牛を買い上げる仕組みをとっている。但馬系の優良な雄牛を父に、信頼できる農家のホルスタイン牛を母にして生まれた子牛である。二〇年余前から、ここでの牛は戸籍がしっかりしていたわけだ。肉質の良さでは、市場でも折紙がついている。

ＢＳＥが発生して牛肉の価格が低迷する中で、「安心・安全な肉づくり」しかないと、堆肥舎の設備の充実や牧草地づくり、放牧場の整備などに力を入れている。

「花も牛もタマネギも、そしてオレンジもあって、淡路島は豊かな島のはず。そのどれが欠けても淡路島で豊かに暮らせない。花、牛、オレンジは農民だけの問題と考えてきたことが、不安な食卓をつくりだしている。これからは、食卓から生産の現場までつなげなければ」

「兵庫県牛と花のある風景を創造する会」の三浦さよ子さんの言葉である。

牛の飼料に代わる桑園

桑園を放牧地にしようという試みもある。養蚕が衰退していく中で、桑の木を根こそぎ掘り上げて牧草地化しているところはよくあるが、栃木県西那須野町にある「畜産草地研究所」では桑を牧草地に混植して飼料源にしようとしている。

桑はとても丈夫で、干ばつにも強い。混植することで、桑の高いところと木の下の草といったように、面積当たりの利用率も高くなる。その上、葉っぱだけ食べていて一匹の虫がマユを作り上げるほど、栄養価も高い。何よりも家畜は桑の葉をとても好む。桑園のまわりに電気牧柵を設置するだけで放牧できることもあり、経営的にもいい。

同研究所のデータによると、牧草だけでは一ヘクタール当たり乾物生産量は七・五トンだが、桑を混植すると一〇・四トンとなる。面積当たり粗飼料生産力は約四割もアップした。しかも桑の葉は麦や大豆など穀物に近い高栄養飼料だという。世界では例のない桑園放牧。絹の国として世界に名を示した日本だが、時代の流れに押しやられて放置されていた桑園が、今、新しい道で生きかえろうとしている。

「ただ放牧するだけではなく、牛がどんな草をどんな時にどのくらい食べるのか、高い桑の木と下の草との関係なども観察していかなければならない。放牧は牛だけを管理するのではなくて、そこの草地管理もしなければいけない。両方できて、初めてうまくいくということだ」

桑園に三頭の肉用牛を放して二年目の群馬県の高橋友一さんは、手間はかかるが、何より飼料を気にしなくても精神的に楽になったといっている。

昔は、どこの家にも一頭ぐらい牛や馬、山羊がいて、蚕が終わった晩秋には、枯れ桑の葉をカゴに取って冬場の家畜の飼料にしておいた。子供の頃、私の冬準備の大きな仕事のひとつだった。

「一年中放牧できたらいいのになあ」こんな夢を実現させているのは、高知県奈半利町で土佐褐毛和種を飼う安部秀雄さん。二年前から減反した棚田七〇アールに牛を放牧した。自宅から離れた棚田で、牛は放されている。

冬場だけ、雑草の成長が遅いのでイタリアン、ライグラスなど飼料作物を補植してきている。これで周年大丈夫だという。

放牧する前は、一日三回飼料をやらなければならなかった。草を刈って遠くから運ばなければならなかった。稲作と柑橘類と繁殖牛といろいろやっている安部さんにとって、一日三回のエサやりと草刈りは重労働であった。放牧するようになって、草が足りない分は一日一回の米ぬかなどフスマをやるだけですんでいる。繁殖牛だから子牛を産んでくれないとだめだが、放牧するようになって、種つきがよくなった。たぶん、舎飼いと違いストレスがないからだ、という。

一番気にしているのは、放牧地の下に集落の水源である川が流れているので、水の汚染に注意することだ。放牧はいいことだからといって、水源の谷川の近くで巨大な牧場をつくり、化学肥料や農薬を散布して、家畜の糞尿を放置したら、それはまた新たな自然破壊であり、循環から切りはなされた畜産になってしまう。「開放された放牧畜産」を主張する安部さんは、糞の処理、自然で化学剤を使わない草地づくりの大切さを力説していた。

比内鶏と転作田

秋田名物「きりたんぽ」には、なくてはならない鶏肉。「比内鶏」と呼ばれる昔からの地鶏を復活させて、ブランド品にしようという動きが、全国で広がっている。

地鶏はその土地の風土で育てられてきているので、病気には強く、地のものをエサにすれば、まさに安全な鶏肉である。比内鶏は、天然記念物にもなっている比内鶏のオスにロールアイランドレッドのメスをかけ合わせた交雑種。今から二七年前に秋田県の畜産試験場がつくりだしたものだ。

あきた北央農協の「比内地鶏振興部会」では、「稲の転作作物」として比内鶏の復活に取り組んでいる。簡単なパイプハウスを転作田につくり、休耕田に牧草を植えて、この比内鶏を放し飼いにする。草がなくなったら次の田へと移動していく。とても自然に近い飼い方だ。同部会の約束ごとは、一坪当たり一羽を基準にしている。鶏にとっても幸せだが、飼うものにとっても投資が少なくて、労働力もかからず、好評である。

肉はおいしくて人気も高い。「比内地鶏きりたんぽセット」「比内鶏ご飯」などとコメとセットで販売されているものが多い。販売は取引先の量販店や宅配便で広がっている。

実践編——安全な肉の買い方と食べ方

豚肉

店選びと肉選び

良い豚肉を買うためには、まず店選びから。身近にある肉専門店で歴史のある店がいいだろう。もちろん、豚肉のトレーサビリティの表示をちゃんと記載している店が信頼できる。そんな店には「適正表示の店」という看板がかけてあるはずだ。スーパーやデパートなどにも、肉コーナーでこの看板に出会うこともよくある。そういうところには食肉のことをよく知っている店長さんがいるはずだ。肉に豚の種類や○○豚と、地域や飼い方、養豚場などから取った名前をつけて、ブランド化したものが増えてきている。ブランド化した豚肉が並んでいる店は、比較的、信頼のおけるところ。何といっても国産にして下さい。

〔黒豚〕

豚の種類としては黒豚が一番いい。少々高価だが、これを食べたらやめられない。肉質がしまっていて、甘くて、コクがあるからだ。何よりも黒豚は、子供を産む数が少なく、育てにくく、ゆっくりと育っていくという性質がある。飼料にも気をつけるし、密集飼育をしないので、当然、抗生物質なども与えておらず、安全性が高いといえる。

しかし、味の良さで日本中で多くの需要があった黒豚も、一九六一年、大型のランドレースという品種が導入されるとたちまち影が薄くなった。この品種は、黒豚とちがい、子供をたくさん産む。そして、早く肥り、早く出荷できる。経済効率の高いランドレースは、あっという間に黒豚を呑み込んでいった。

だが豚は人間と共存して食肉になるのだ。日光を浴び、土を鼻でかきまぜ、時に土を食い、土から免疫を得るといった放し飼いが一番いい。そんな昔流の飼い方を守りながらやってきた養豚家もいる。ひと昔前は、黒豚といえば鹿児島だったが、現在では、鹿児島以外でも、宮崎、広島、埼玉、群馬、岩手県などが、県をあげて黒豚に力を入れている。

〔ブランド豚〕

黒豚の次は上州豚、茨城豚などと地域や飼育牧場名をつけたもの。もともとその地域で昔流に飼っていた土地豚に黒豚などを交配させて、丈夫でおいしい肉質を持った新しい豚に改良したものが多い。当然、安くてよく肥る飼料メーカーのエサではなく、その土地にある飼料を工夫しているところが多いので、安心度が高い。また、飼い方にも、それぞれのこだわりがある。

〔SPF豚〕

比較的味が淡白で、人工的だという意見もあるが、「安全」面から考えると、得体のしれない豚よりもましなのがSPF豚。よく表示に大きく書かれている。日本語では「無菌豚」といわれているが、正式には「特定病原菌不在豚」である。

豚はカゼをひきやすく、流行性肺炎や鼻炎などにかかることがよくある。伝染性のこともあって、あっという間に豚舎全部に広がってしまう。そこで、予防や治療のために抗生物質を与えることになるが、時には肉にこの薬が残ってしまうこともある。この抗生物質が人間の体内に入り、病原菌に対して免疫を弱めることが報告されている。

そこでつくりだされたのがSPF豚である。この豚をつくりだすには、まずいい豚を選び、妊娠させ、その母豚を無菌室のような衛生管理をしっかりしたところで、帝王切開出産をさせる。その子供を同じような管理下で繁殖豚に育て、さらにその子供を肉豚として育てる。どこか箱入り娘や息子に似ている豚。病気の菌のないところで育てられているので、当然、薬の使用量は減る。

買い方・食べ方のポイント

外見で良い肉を選ぶのはむずかしい。実際に信頼できるおいしい黒豚などを食べたり見たりして学ぶことを心がけたいものである。

見た目には、ピンク色でつやがあること。見るからに引き締まって輝いているもの。部位によって

図表11　豚の部位

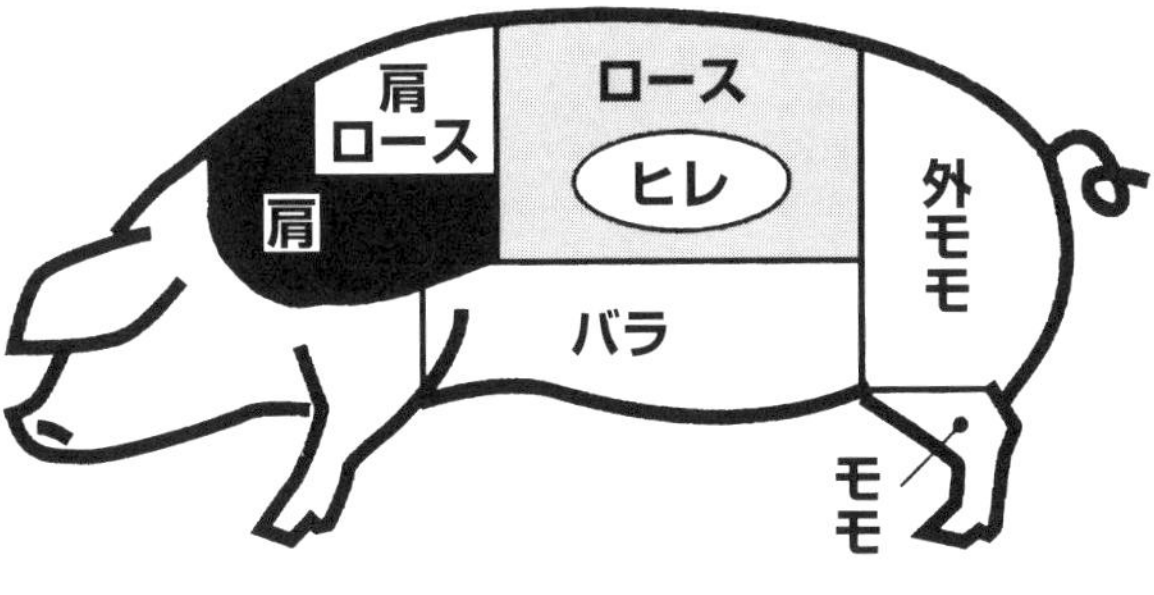

は、赤味が強くてもいい。脂肪は真っ白で、しっかりしていること。脂肪部分が黄色っぽく、全体にくすんでいたら品質がよくない。

ショーケースにピンク色の光が当たっていることがある。取り出して光を避け、よく見て確かめること。まちがってもトレーにピンクの肉汁が流れ出ているものは買わない。水ビタビタの肉は、日がたっているか、ストレスなど不健康な豚の肉のことが多い（口絵参照）。

食べる時も脂身をできるかぎり削ぎ落とすと、少しは薬剤の残留を減らすことができる。豚しゃぶや豚すきやきをする時、スープにいっぱいアクが出てくるのは注意。このアクの中に、かなりさまざまな残留薬品が出ていることがわかった。

消費生活アドバイザーの阿部絢子さんは、薄切りで使う時には、熱湯に三〇秒ほど湯通ししてから調理することを教えている。

焼肉はジュージューと脂を下に落とすようにするといい。

他の料理も、味付け汁に一〇分近く漬けたり、お湯でゆがいて、漬け汁やゆがき水を捨ててから、もう一度味をつけるように、ひと手間かけることも大切。

安心、安全な豚肉をブロックで買ってきて、そのまま茹で豚や焼き豚にして保存しておけば、必要な時に使える。

カレー、肉じゃが、角煮なども、汁のまま冷凍しておけば、一、二週間は大丈夫。もちろん、食べる時はもう一度火を入れること。

また、調理する前にみそ、酢、しょうゆなどに肉を五～一〇分ほど漬け、その汁を捨てると「毒」が少し出される。

いい肉を求め、自分でみそ漬けにしておけば、日持ちもよく、漬けている間に添加物はみそに排出される。

内臓の選び方と買い方

エサと飼い方が最も表れるところが内臓。屠畜場によってちがうが、三割弱の豚は内臓に異常があると、屠畜場で働く人たちは見ている。あぶないと思うものは、屠畜場の検査で捨てられる。それでも、飼料に入っている農薬、抗生物質など薬物が残留している心配がある。内臓から薬物が検出された報告もあるわけだから。

〔レバー〕

レバーと呼ばれる肝臓が一番危険。肝臓はそもそも、体内に取り入れた薬物などを解毒する臓器だから、ここに毒物が滞留することになる。

豚レバーはレバー好きにとっては一番おいしい。レバー刺しを出してくれる店もあるが、少なくとも生レバーはやめた方がいい。

レバーも「適正表示の店」で選びたい。冷凍、冷蔵、輸入ものがはっきり表示されているので判断しやすい。

外見は、暗褐色で、肌がなめらか、ぷりぷり弾力がありそうなものを選ぶ。ひどく明るい赤色や黒っぽいもの、表面がでれーっとして、何かブツブツできているようなものは、健康豚からのレバーでないことが多い。血が流れ出ていたり、ベチャッとしていれば、鮮度が落ちている証拠である。

恥ずかしがらないで、よく見たり訊いたりしてから買うようにしたい。

レバーはいたみが速いので、早目に料理すること。まず、残留農薬や薬剤を除くために十分血抜きをする。三％ほどの塩水に三〇～四〇分浸すと、表面の薬剤が引き出される。次いで、その塩水でもみ洗い、よく血抜きし、きれいな水と取り替えて、血が出なくなるまで洗い流す。薬剤も血と一緒に除去できる。

レバー特有の臭いを消すと同時に、もう一度毒消しを考えて、白ワイン、牛乳、しょうゆなどに漬けるか、三〇秒ほど湯通しする。これでやっと下ごしらえ終わり。

焼いたり、煮たり、炒めたりしてどうぞ。

手間がかかるので、ついスライスしてあるものを買いがちだが、これでは、国内産か輸入かもわからない。よくわからないスライスものはやめた方がいい。危険を心配してまで食べなくてもいい食材のはずだから。

〔モツ〕

モツもレバー同様、「適正表示の店」が一番いい。何豚のどの部位か、その上、産地が表示されていれば、安心度は高い。

よいものは、あまり白くなく、灰色っぽくないもの。ちょっと濃い目の生成《きな》り色がいい。すごく白いものがあるが、漂白していることが多い。

腸や胃袋なので、脂肪分がくっついているものも多い。そのような部分に薬剤が残留している可能性が大きい。よく洗い、三〇分ほど塩水に浸して毒を除去する。大きなナベに入れ、ぐつぐつと煮る。この時、脂がアクとなって表面にいっぱい出てくるはずだ。それをていねいにすくいだす。なかなかアクが取れないけど、根気よく取り除くこと。

モツは輸入ものも多いので十分気をつけよう。輸入モツから抗菌性物質が残留検出された報告がある。微量検出でも、そのようなものを食べ続けると、抗生物質が効かない耐性菌ができて、いざ病気の時に大変なことになる。

味付けされているもの、冷凍のものなど、加工モツは便利だが、これも輸入ものが多い。その上、味付けの調味料にも添加物が多いし、自宅でするように手を加えられない。もったいないと思わず、味付け汁は捨て、モツもよく洗って、自分の味を付け直すことぐらいはしたい。

そんなことはしていられないという方は、野菜を多くして、モツそのものの食べる量を減らすこと。

悲しいけど、モツを食べるのもそれくらい大変な時代になってしまった。

合成添加物と不当表示にご用心

発ガン物質のニコチン酸などを使って変色防止や色付けをしていた肉の報告もある。ニコチン酸は代謝異常などを起こす合成食品添加物である。

外見と同時に表示をしっかりと見よう。法律で決められている食肉の表示事項は名称と原産地だけである。豚肉なら「国内産、豚肉、一〇〇グラム〇〇円」ということだ。スーパーなどでは「豚肉ロース、国内産」とか、「豚肉カレー用、国内産」といった具合。「国内」だけでなく県から市町村、あるいは生産者名、「カレー用」だけでなく部位まで書いてある方が信頼できる。

たとえば、JA全農でさえ、黒豚でない、ある県の豚肉に鹿児島産豚肉と表示し、アメリカ冷凍豚を国産豚に書き換えるという事件も起こしているくらいだ。

店頭に生産者とその飼育方法などが表示してあれば、まず安心。その表示の中でわからないことがあったら、遠慮なく肉売り場の人に説明してもらうこと。売り場の商品を説明できなければ、その商品は少々不安な商品かもしれない。

薬剤が残留するのは脂身である。本来は脂身のある肉の方が味はいいのだが、ここは安全を優先させて脂身の少ないものにする。

ヒレなど脂身の少ない方がより安全である。同じ小間切れでも脂身のないものを選んで買う。ひき肉も脂身の少ない部位を挽いてもらった方がいい。挽いてしまっているものは、何が入っているかわからないので、ひき肉こそ肉専門店で挽いてもらうことをおすすめする。

●牛肉

牛肉の買い方

肉の中では一番偽装表示の多いのが牛肉といわれている。全体的に値段が高いので、偽装表示することで、うまみが多いからだ。

牛肉を買う時は、次の四つのことを気にかけながら、お店の人から情報を得たい。

第一はBSE（牛海綿状脳症）のこと。BSE感染牛を食べることで人間に感染すると考えられ、変異型クロイツフェルト・ヤコブ病になることが最も心配されている。いまだにその予防も治療も開発されておらず、世界中で恐れられている。

第二は薬剤が残留していないかということ。「霜降り」はつくられるといわれるほど、化学的な技術が進んでいる。その中で投与されるホルモン剤や抗生物質などが肉に残留していないか。

第三は冷凍、加工肉の輸入中の汚染状況など、輸入牛のこと。

第四は肉の値段はまちがっていないかということ。

疑問に答えてくれやすいのは、対面販売のところ。肉屋の主人に「○○産の牛肉、しゃぶしゃぶにしたいのだけど、予算は○千円。○人分」と相談したらいい。近くに肉屋のない人は、表示に頼るしかない。

量販店やデパートでも、肉の種類の多いところを選ぶこと。アメリカから「全頭検査は科学的でない」とねじこまれ、二〇ヵ月以下の若い牛に限って検査なしで輸入再開となったが、牛肉は国産の方が安全である。BSE発生以来、国産牛肉は全頭検査をして、危険部位もすべて取り除いている。BSEの原因とされている肉骨粉も日本ではすべての家畜に使用禁止となった。

まだアメリカでBSEが発見されていなかった頃、国内産よりアメリカ産やオーストラリア産が安全だと外食店は大宣伝していた。そのアメリカやカナダでBSEが発生していることを考えると、十二分に危険性を排除している日本の牛肉に限る。

生産者名を探せ

二〇〇二年一月、BSE問題で国産牛肉を国が全量買い上げることになった時、輸入牛肉を国産牛肉と偽装して買い上げさせたことが発覚した雪印食品の詐欺事件の衝撃は大きかった。その頃、新聞には毎日のように偽装表示のお詫び広告が載っていた。輸入牛肉を讃岐牛と偽装して三越のギフトにのせた香川県の精肉加工販売会社や、神戸牛と偽って輸入牛を関東周辺のスーパーに卸していた大阪の精肉会社など、あげればきりがない。表示だけを信用するのは危なっかしいと思わざるを得ない。面倒だが、自分で店頭で確認することが大切になる。

牛肉の質を決めるのは育ち方だといわれている。どんな牧場で、どんな人たちが、何を食べさせて育ててきたかがわかると、より安全な肉を得られる。まず原産国は必ず表示されていなければならない。国産なら「国内産」と表示されている。市町村名までわかれば信頼できる。飼育方法を知らせるものがついていたり、店頭に書いて貼ってあればいいが、もしなかったら訊いてみることをおすすめする。トレーサビリティで生産歴がわかるようになっているはずだから。何度も問いかけるうちに、小売店も変わってくるものだ。

牧場の連絡先が書いてあれば、どう飼育しているのか問い合わせるのもいい。FAXなどもいいが、今はかなりの農家でホームページを持っている。ホームページを見ることのできない人は、スーパーなどで見て、プリントしてもらうといい。それくらい親切にしてくれるところなら、まあいい店でしょう。

しかし、ホームページなどの情報は、自分のところの肉を宣伝したいので、当然、自然に恵まれた牧場風景を載せ、エサのことも安全と書いてある。一度自分で少しだけ食べてみて、おいしかったら、まずエサの中身をチェック。何を食べさせているか、輸入飼料でないか、自分で配合しているか、放牧しているのか、といったことなどを調べるといい。

特に乳用牛種を肥育していて肉用にしているものについては、生まれたところはどこか、子牛の時は何を食べていたかなど注意したいところ。乳用牛を肉用に効率よく育てるわけだから、当然脂肪がよくつくようにしたり、肉を柔らかくするためにホルモン剤を使ったりしている。本来の役割（乳を出す）を果たすのではなく、肉用に仕立てていくのだとなれば、どこかで別の力を入れなければならない。薬などが肉に残っていないかどうか心配なところである。

また、肉用牛も「霜降り」をつくるために、さまざまな工夫がされている。高級で立派な霜降り肉は、素人が見てもいい肉とわかる。値段も高く、気軽には手が出ない。いい肉を見ることはタダだから、参考のためにたくさん見た方がいい。買わなくとも、「なぜこの色なのか」「なぜ霜降りになるのか」などと聞いてみる。良い肉の置いてある店は、肉に詳しい人がいるからだ。

さて、実際に買うとなると――。国産牛（〇〇牛）と地名があって、生産者の所在地と名前のはっきりしているものをまず見つける。その中で、おサイフと相談して、部位を選ぶ。ステーキなどめったに食べるものではないが、安全性の高い部位を使うので、脂肪分の多いバラやどこの肉がまざっているのかわからないひき肉を何度も食べるよりも、ステーキを一枚という考え方もある。

見た目は赤身の多い方が安全性は高い。脂肪分がおいしさをつくってくれるのだが、安全を考えれば赤身をおすすめしたい。肉の脂肪分に薬剤やエサからの農薬が残留している可能性が大きいからである。

牛の内臓もよく見ること。表示も、単にレバー、ハツとだけでなく、臓器名がわからなければいけない。最も牛の健康を示している部位なので、色をよく確認する。黒くくすんでいるものや汁が出て何か臭いさえしそうなものは、やめた方がいい。内臓には、どの牛のものか表示がないので、確認ができればそれだけで信頼が高まる。

当然、ＢＳＥの危険部位は出まわっていないはずだ。もし見つけたら、必ず店の人に訊くこと。「なぜ、これがあるのですか」と。その対応次第で、行きたくない店かどうかわかりそうだ。

牛肉の表示

法律で表示は決められているが、意外に正しい表示は知られていない。

牛肉の品名は、「牛」と肉の「部位」を組み合わせることになっている。たとえば「牛肩ロース」「牛モモ」というように。それに「スキヤキ用」といったように用途を組み合わせてもいい。

国内産食肉は、「国内産」と表示してある。「岩手県産牛肉」、「埼玉県産牛肉」など飼養地の都道府県名でもいいことになっている。また、「松阪牛」や「神戸牛」といったブランド名に地名がついている場合は、「国産」を省略することができる。

だが、「和牛」とか「Jビーフ」では「国産」表示がないとだめ。スーパーなどで包装されたものをよく見ると、「原産地」表示のないものをよく見つける。「Jビーフ」は国産だとか、「和牛」は国産に決まっているだろうというのはまちがいだ。特に「黒毛和牛」だけの表示ではどこの国の牛肉かわからない。もちろん冷凍肉は「冷凍」と表示をしなければならない。

原産国は必ず表示しなければいけない。それも誰にもわかる国名であること。「U・S・A」「U・S」とか「オージービーフ」は認められていない。「アメリカ」、「米国」、「合衆国」とか「オーストラリア」でなければいけない。このような決められた「規則」で表示を改めて見ていただきたい。本当はどこの国の肉かわからないのが意外に多いと感じることでしょう。

次に、牛肉の消費期限が表示されていなければならない。パックにスライスして詰められているものには、消費期限と保存方法が必ずついているはずだ。「消費期限」は、定められた方法で正しく保存すればこの期限までは衛生上心配ないという期間。これに対して、「品質保持期限」と表示されているものがある。これは「賞味期限」ともいい、定められた方法で保存した場合「品質の保持が十分可能な期間」を示す。五日～一週間以上日持ちするようなブロック肉や冷凍肉の場合には「品質保持期限」が表示されている。

まぎらわしいが、このへんはしっかりとちがいを覚えておくこと。偽装表示があるにしても、消費者にとって表示は、その商品を知る唯一の基本的な手がかりだからだ。

それにしても、あなたの眼力をみがくことが、少しでも安全な牛肉を手に入れることにつながる。

適正な値段と肉汁

偽装表示にだまされないためには、肉の質を見分ける目と、価格相場を知っておくこと（口絵参照）。

価格相場を知るには、農業関係の新聞や日経新聞などを見ればわかるが、ちょっと面倒だ。買いものがてら、デパートや信頼のおける肉専門店に寄ってみる。

たとえば国産牛ロース（一〇〇グラム当たり）五〇〇円前後なら、輸入牛ロースは二〇〇円くらい。松阪牛や神戸牛ロースなら二〇〇〇～三〇〇〇円といったところ（二〇〇四年二月調べ）。

松阪牛など高級ブランド肉は、なかなかスーパーや一般小売店には並んでいない。肉専門店やデパートでしか見つけにくい。あまり安い値段で松阪牛なんて書いてあったらおかしい。そんな店では他のものも危なっかしいと思うことである。

時に地方のスーパーなどに行くと、「牛しゃぶ用が安いよ」「ステーキがお買得」と声を張り上げているところに出会うこともある。ほどよい赤い光線の下に並んでいる牛肉はおいしそうに見える。驚くほど安い値段についサイフの口が開いてしまった、なんて失敗はないだろうか。

こんな時は「安い」理由を聞く。次いで、自分の目で確認。安い肉にそうそう良いものはない。トレーの中に肉汁がありませんか。肉汁は生肉の古くなった時か冷凍肉の解凍によるものだ。

国産表示で肉汁が出ていれば鮮度が下がっている。赤い透明汁ならまだいいが赤黒い汁は最悪だ。脂肪分がとても少ない赤身なのに、「国産牛」となっていて肉汁が出ていれば、輸入物のことが多い。しかも、脂肪分のところがピンク色だと、肉汁止めを使用している可能性が大きい。

輸入ものなど時間がたっているものは、熟成を止め、肉汁を出さないようにするために、防腐剤を肉にスプレーする業者もある。そんな肉が小売店まで流れてくれば、目がきかない店員なら表示通りに店頭に並べるだろう。肉汁は肉の鮮度を知るひとつのバロメーターである。

特にトレーの肉の下にペーパーが敷かれていて、それがビチャビチャでピンクに染まっていたりしたら、いくら見た目が立派な牛肉でも気をつけたい。長いこと冷凍しておいた可能性があるからだ。ステーキやしゃぶしゃぶ用など値段の高い部位なら、輸入肉の時間のたったものかもしれない。ご用心ご用心。

図表12　牛の部位

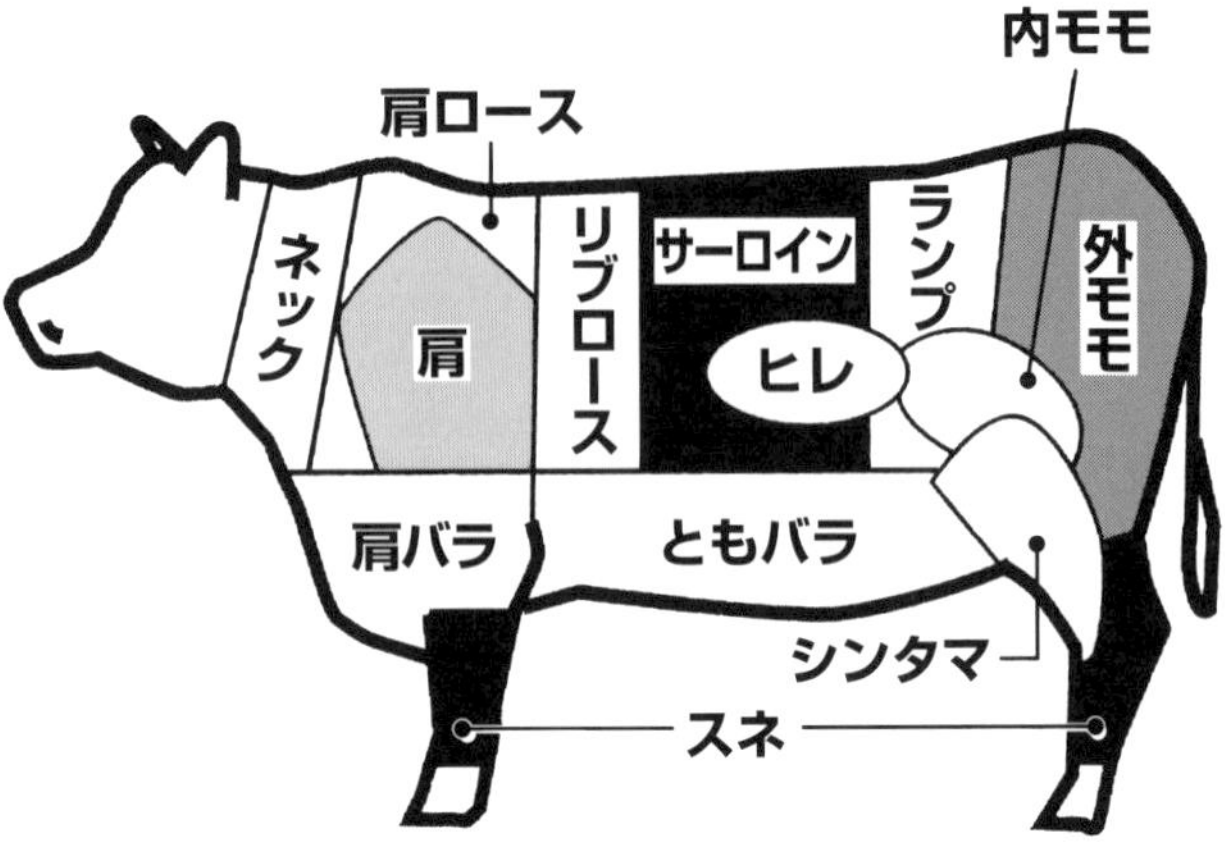

肉の部位

部分肉取引規格によって牛肉に部位が決められている。部位はそれぞれ栄養的に特長があるので、知っていると買う時に便利だ。

肩＝腕を中心にした部分。よく動かしている筋肉なので堅いが、脂肪分が少なく、赤身がとてもおいしい。エキス分やゼラチン質が多く、煮込み料理やスープ用。加工食品のスープによく使われている。鉄分やカルシウムが多い。

肩ロース＝首から肩にかけての筋肉部分。脂肪が多く霜降りになっている。風味があっていいが、筋っぽい。堅いので薄切りにして、焼肉などに向いている。ビタミンAが比較的多い。

リブロース＝リブとは肋骨のこと。肋骨の背中の方。一番厚みがあって霜降り。とてもいい肉質でステーキやしゃぶしゃぶにいい。ビタミンAが多い。

サーロイン＝リブロースに続いて腿《もも》に行く部分。もっとも柔らかい部位。形がよく肉のきめも柔らかく、ヒレと同様最高の肉質の部位である。ステーキ用。ビタミンAに優れている。

ヒレ＝サーロインの内側に左右一つずつあるだけ。細長い円錐形の肉。とても柔らかい部位。一頭分でヒレは二〜三％しか取れないので値段は高い。ビーフかつ、ローストビーフなど。カルシウムが多くて、エネルギーは低い。

バラ＝バラには「肩バラ」と「ともバラ」がある。肋骨側が「肩バラ」、腹側が「ともバラ」。脂身と赤身が美しい層をなしている肉なので、「三枚肉」ともいう。肉質は粗く堅いので、ポトフや肉じゃがにはいい。焼肉もおいしい。部位の中ではビタミンAとともにカロリーも一番高い。

モモ＝「内モモ」と「シンタマ」に分けている。内側の内モモ内腿は赤身肉。その下の方を「シンタマ」という。赤身の脂肪がほとんどなく、たんぱく質の多いところ。塊《かたまり》で煮込みやシチューが最高。

外モモ＝腿の外側。脂肪が少なくたんぱく質が多い。モモに比べてやや堅めの肉。薄切りで炒めものに適している。

ランプ＝サーロインに続くお尻の部分。やわらかい赤身肉でおいしい。上質のものはロースよりも柔らかくて、ランプステーキなど高級料理に使われる。カルシウム、鉄を多く含んでいる。

図表13　牛の内臓肉

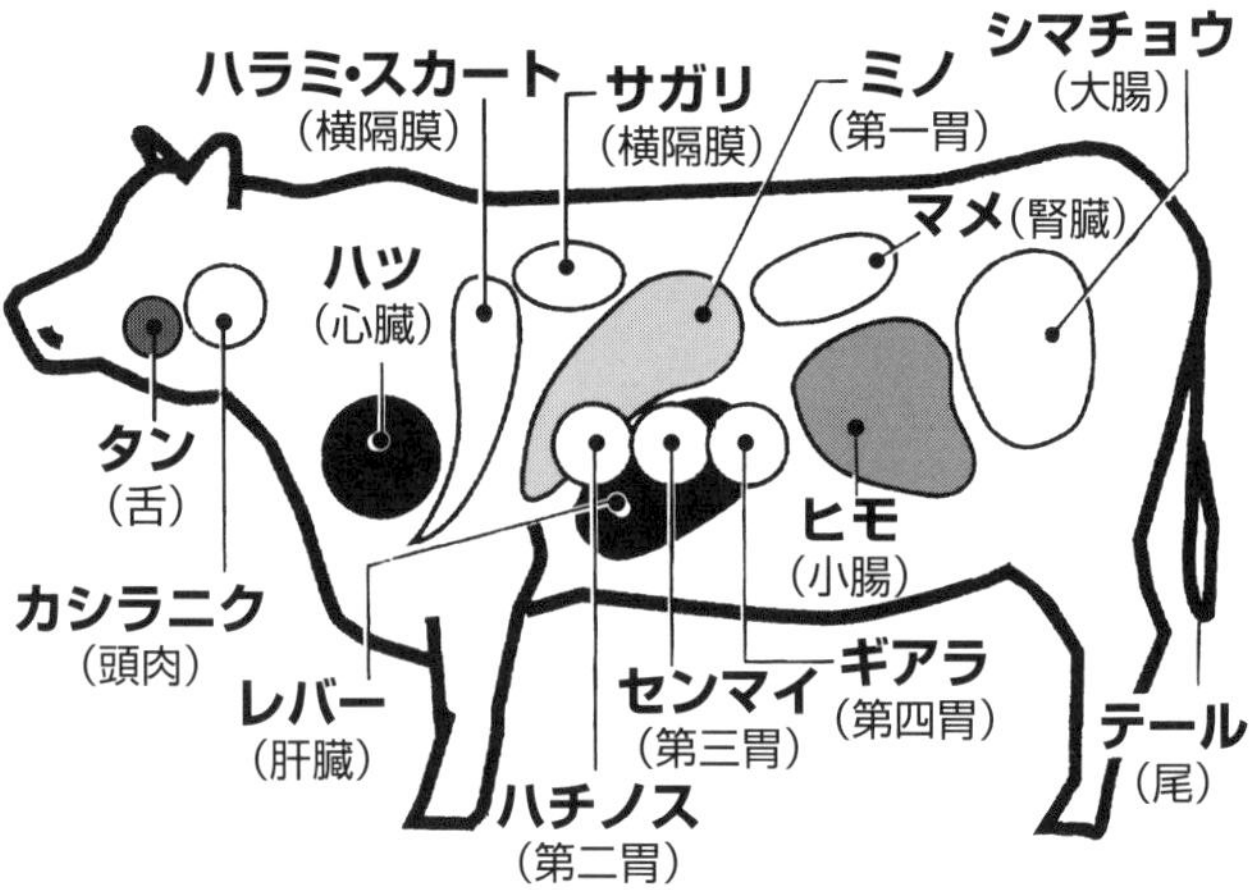

レバー＝肝臓。暗赤褐色でとても大きい。一頭につき五〜七キロもある。たんぱく質、鉄、ビタミンA、B2が多く含まれている。BSE以来、手に入りにくくなっている。薄皮を剝ぎ、血抜きをするなど処理が結構大変。揚げ物やステーキがいい。

ハツ＝心臓。ハート型。一〜一・九キロで筋肉のためコリコリと歯ごたえがいい。塩水につけておいてよく洗い、冷水にさらして血抜きをして、臭みを取り調理する。焼肉、串焼き用。

マメ＝腎臓。空豆の形に似ているので、この名前がついている。重量は一・六キロほど。小さな塊に分かれ、ブドウのようになっている。脂肪は少なく、鉄やビタミンB2が多い。縦半分にして中にある筋をきれいに取り、冷水で流し洗いして煮込み料理に使う。カルシウム、鉄分がとても多い。

ミノ＝第一胃袋。牛は四つの胃袋を持つ。第一をミノ、第二をハチノス、第三をセンマイ、第四をギアラという。ミノは中でも最大。繊毛がいっぱい。肉厚で堅く、色は白。普通はゆでて売られている。

シマチョウ＝大腸。小腸のことをヒモという。大腸は二・五キロ前後ある。ヒモと比べて筋肉が発達していて厚くて堅い。長時間煮る必要がある。

ハラミ＝横隔膜。重量は一・六キロ前後。腰推《ようつい》に接する部分はサガリと呼ぶ。焼肉用。牛内臓で一番高カロリー部位。

タン＝舌。脂肪と筋線維が多く肉質が堅い。市販のものは表面の皮を除いている。時間をかけてじっくり煮込むシチューが最高。アメリカのＢＳＥで輸入禁止になって、仙台のタン料理屋さんが閉店かと騒がれ、ほとんどのタンが輸入されている実態が明らかになった。

テール＝尾。ＢＳＥ汚染牛の危険部位としてニュースでよく出てくるので覚えている方も多いだろう。長さ六〇〜七〇センチで重さ一・五キロ前後。普通は皮をむいて、輪切りの状態で売られている。コラーゲンが多く、煮込むとゼラチン化する。テールスープは有名。コラーゲンを利用してスープやお菓子、化粧品などの原料にもなっている。

カシラ＝頭肉。こめかみとほほ。こめかみは脂肪がほどほどで柔らかくておいしい。赤身部分は堅いので食品加工品に回している。

安全な食べ方と調理

煮ても焼いても、冷凍しても死なないといった、不思議な病気であるＢＳＥの自己防衛策は、国に働きかけるしかない。あとは、すべての牛の全頭検査継続を守っている国産牛を食べることだ。

他の危険薬剤残留問題は、調理の仕方でかなり自衛できる。

自衛策は三つある。第一は危険な部分を捨てること。第二は除毒する。第三は除毒する体力をつける。

農薬やホルモン剤、抗生物質等は、肉の脂肪部分に多く残留する。この脂身を除けばいい。できるだけ赤身の多い部位を選ぶことになる。

脂肪部分や肉の中から薬物を溶け出させる方法。しゃぶしゃぶのように湯通しすれば、湯の中にかなり溶け出ることがわかっている。あの湯の中に浮き上がってくるアクの中に「毒物」がある。

薄切りにして三〇〜四〇秒熱湯にくぐらせて、サラダやあえものにするといい。焼きながら脂を下に落とすのも効果的。フライパンなどで焼くと脂の落ちは悪い。

焼き肉やステーキの場合は、みそやしょうゆの薬味漬け汁に七〜八分漬け込み、その汁は捨ててペーパータオルでよく肉をふき、もう一度新しい漬け汁につけて焼けば、漬け汁に薬剤は溶け出てくる。

煮込みの時は、めんどうでもまめにアクを取り去ること。酢やみそに漬けて、よく洗って調理するといい。

体内に入っても、便通によって排出を少しでもよくするための工夫も必要だ。

昔から大豆と肉、ゴボウと肉、コンニャクと肉といった食い合わせがある。これは利にかなっている先人の知恵である。繊維の多い食材を一緒にとることで、便通をよくして、腹や肝臓へのとどまりを少なくしていったわけである。私の田舎では、昔、「週一回コンニャクで腹をきれいにしろ」といった食べ方があった。

最後は、バランスよく何でも食べて、体調を整えておけば、少しぐらい毒が体内に入ってきても、体が押し出す力を持っているはずだ。肉料理には、野菜をできるだけたっぷり食べること。特に脂肪分を楽しむ牛肉の場合は、頭に入れておきたい。外食で焼き肉などを食べる時には、野菜を多めに注文したい。

●鶏肉

お店選び

他の肉同様に、「適正表示の店」と看板のある店を探そう。といっても、どんどん食品を扱う店も大型化し、もはや村や街の肉屋さんなど見当たらない、「鶏肉専門店」なんて店が近くにあったら不思議なくらいだ。それでも、より安全な肉を選ぼうとするなら、肉の専門店、できれば親の代からあったなんていう店を選びたい。なければ、肉コーナーがしっかりあって、「適正表示の店」とステッカーか看板のある量販店にすること。

売られている商品を確認。豚も牛も鶏肉もパックにされて、それぞれ整理されないで並べられている店はやめたい。その上、輸入ものも一緒くたに混ざっていたりすることもある。これでは、鶏肉同士を比べながら求めるのにも不便だ。こんな店は、商品の特徴をつかんで消費者に伝えようとする意志が弱い。

そんな店の商品をよく見ると、表示の不完全なものが多い。量販店などでは、近くに店員など見当たらない。やっと見つけて質問すると、「はい」と返事をするが、「アルバイトなので」とくる。訊いてきて欲しいと頼むと、訊きには行くが「店長がいないので詳しくは」という返事が返ってくる。

無理をして食べなければならない食材ではない。こんな店に並ぶものはやめた方がいいと思う。とはいっても、これに近い量販店が普通だ。

首都圏周辺（茨城、埼玉、神奈川など）の市にある量販店一〇ヵ所で私が訊いた時もほぼ同じだった。牛、豚、鶏肉の中では、とりわけ鶏肉が「わからない」と答えることが多い。わからないのは、「どんな飼料で、それにどんな薬剤が混ぜられているのか」という質問に対してである。

豚や牛よりも個体の小さい鶏は、より狭いスペースで大量に飼われている。まるで鶏の大工場である。病気が発生すると、あっという間に伝染し大きな被害になりかねない。そこで被害を防ぐために、いろんな抗生物質、抗菌性物質、ワクチンなどの薬剤が飼料に混ぜられて与えられることになる。

たとえば、二〇〇四年二月、京都・丹波町の浅田農産船井農場での鳥インフルエンザ発生。最初は一〇〇羽ほどの死だったが、その数は日を追って増え、一週間で二万八〇〇〇羽が死んだ。特に名を告げずに南丹家畜保険衛生所（京都・八木町）に一本の電話が入った日には、一日で七〇〇〇羽死亡し、次の日は一万羽へと拡大した。鶏舎があっという間に全滅状態になったのである。

このように、病気が発生すればひとたまりもないほど大量死する状況で、鶏は飼われている。こんなことが度々起こっては、商売上がったりになるのはいうまでもない。養鶏業者にしてみれば、当然、予防策として薬剤を投与しているはずだ。

しかも、この時は発生から少なくとも一〇日ほど放置され、その間に食鳥処理場からソーセージ用など加工原料として加工施設へ、そして卵はゆで卵で弁当へと、「事件」は全国に広がっていった。

浅田農産は、当時は年間売上高三一・二億円で養鶏業としては全国二四位。京都、兵庫、岡山に養鶏場を持ち、約一七五万羽を飼っていた。京都では一九万羽強で、そのうちの二万八〇〇〇羽が死んだわけである。

「狭いスペース、最低限の飼料代でと経済効率だけで生産されている大量のブロイラーは、薬剤を抜きに飼育できない」というのが、一般的飼育関係者のことばである。ブロイラーの置かれたこうした状況を頭に入れて買うことが基本的条件だ。

地鶏は全国で四八種

「地鶏」とは、ひな鶏の両親かどちらかが在来品種の鶏でなければならない。いいかえれば、在来鶏の純系である。地鶏と呼べるのは、JAS規格の規定で認められているものだけ。本当の地鶏はあまり流通していないはずだ。

認定された地鶏は、蔵王土鶏（東京都）、上州コーチン（群馬県）、比内地鶏（三種類）（秋田県）、川俣シャモ（福島県）、丹波地どり（兵庫県）、京赤地どり（京都府）、阿波地鶏（徳島）、さつま若しゃも（鹿児島県）など、全国で四八種類ある。「国産」や「〇〇県産」のほかに、本物の地鶏なら、「特定JASマーク」がつけられていなければならない。

まちがいやすいのが「銘柄鶏」と地鶏である。牛札内田舎どり（北海道）、無薬鶏（大分県）など全国で一五二の銘柄鶏がある。これらは、銘柄鶏として推薦され、いい実績を持ち続けているもの。地鶏は銘柄ではなく、品種である。

ＢＳＥ以来、肉に対する関心が強まった。拍車をかけたのが鳥インフルエンザで、鶏肉市場は、地鶏ブームである。「○○地鶏」と表示されたものがやたらに目につく。中には地鶏でないのに「地鶏」と不当表示しているものも少なくないので、十分に気をつけたい。

在来鶏である地鶏は、当然飼い方も伝統的だ。飼育の仕方も厳しく制約されている。孵化《ふか》してから八〇日以上飼育し、そのうち二八日以上を平飼い（地面上で飼育すること）しなければいけない。また、一羽当たりの飼育面積も定められている。だが、「特定ＪＳＡマーク」をつけなければ、飼い方は厳しくない。また、片親が在来種ならいいわけだから、肉づき効果のいいブロイラーを片親にしても「地鶏」と表示できるので、少々頭をひねってしまう。

それでも、普通鶏肉として売られているブロイラーのような大規模養鶏の肉からすれば、どれほど薬剤使用が少ないことか。発ガン性物質などいろんな薬剤が肉に残留することを考えると、少しでも危険性の少ないものを選びたい。

「若鶏」表示に気をつけて

「若鶏」という表示をよく見る。採卵鶏で卵を産まなくなった鶏肉は、なんだか堅くてまずそう。それに対して「若鶏」は、若々しく柔らかい肉のようだ。だがこれは、生後四〇日から九〇日未満、国内で飼育されてきた鶏のみにつけられているもの。そして、「若鶏」と表示してあったら、国内産でなければ不当表示である。輸入鶏肉には「若鶏」と表示することはできない。

「若鶏って表示され、店に着く頃ほどよく解凍していたりすれば、輸入ものだってわからない」

「なんとなくこれおかしいなっていう鶏肉を何度も見ている。肉汁がすごく出ていても、店にきてからパックするから、それから先はわからなくなるんじゃないかなあ」

茨城県のある大手スーパーの店員・桜井八重子さんは、自分ではわからないから鶏肉は買わないという。

ブロイラーの場合は、飼育時間が短いので、体重別に分けて、小さいもので七〇日以内のものを「若鶏」と呼んでいる。同じ「若鶏」でも、地鶏の「若鶏」とブロイラーの「若鶏」を比べてみると、わずかにちがいがある。だが、淡いきれいなピンク色が「地鶏」で、それよりも白っぽければブロイラーかなっていう程度で、よほどのプロでないとわかりにくい。もちろん、両者が新鮮なものでの比較である。濃い赤色は古いか、薬剤が残留しているか、不健康な鶏である。

輸入肉と国産肉

表示を見ると、国内産には「国産」と書かれている。あるいは都道府県名、銘柄名を表記されてなければならない。「国産」と「〇〇県市町村産」の両方が表示されていれば、より信頼できる。輸入肉には「原産国」表示がなければいけない。だが、全農チキンフーズが外国産鶏肉を国内産と偽装したり、丸紅畜産がブラジルから輸入した冷凍鶏肉を自社国産ブランドの「ネッカチキン」とした事件が実際に起きている。挙げればきりがないほど、偽装表示は起きているのだ。それでも、消費者にとっては、表示が第一の情報である。だから、おかしいと思う表示のものは買うのをやめるが勝ち。

輸入ものよりも自分で確認できる部分が多い国産肉で地鶏とか地養鶏と呼ばれる銘柄肉を選ぶのがより安全かもしれない。しかし、本物の地鶏を得るのが、またひと苦労である。

鶏肉の輸入率は三五％。アメリカ、タイ、ブラジル、中国などから輸入されている。輸入鶏肉については、抗菌性物質の残留違反や家畜ペスト（中国、ベルギーなど）、鳥インフルエンザやニューカッスル病（鳥）のウィルスなど深刻な問題が多発している。

たとえば、二〇〇二年から二〇〇三年までの一年半の間で、輸入食鳥肉の一時輸入停止だけで一六件もある。その後、鳥インフルエンザで輸入停止が増発している。

その他、さまざまな菌に肉類は汚染されていることが多い。たとえばリステリア菌。リステリア菌は髄膜炎や敗血症、流産などを引き起こす菌である。この菌の汚染状況は食肉がきわめて高い。『臨床検査』（医学書院、一九九五年九月号）によると、鶏ひき肉で三七・五％〜六六・七％。鶏肉ささみでは四一・一％が汚染されていた。輸入か国産かは明らかになっていないが、三五％が輸入ということを考えれば、輸入ものの汚染度もかなりのものである。

リステリア菌は加熱すれば死滅するので、しっかりと料理で火を入れれば大丈夫だが、生のままや半生で食する可能性のある鶏肉のささみはこわい。必ず火を入れて食すること。生のささみなどあきらめた方がいい。

その他、サルモネラ菌などさまざまな菌で汚染されている可能性が大きい。

「抗生物質不使用」表示のものも探せばある。「不使用」で生産している養鶏農家もあるので、できるだけそうしたものを求めたい。

鶏の部位

解体された鶏は、「食鶏小売規格」（農水省）に定められている六つの部位に分けられる。それぞれ生きていた時に役割があった肉だから、部位には食材になっても特徴があるので、覚えておくと便利だ。

手羽＝翼の部分。手羽元、手羽先、手羽中と三つに分けることもある。翼はよく使っていたところなので、脂肪やゼラチン質がとても多い。手羽元の方が手羽先より味は淡白。スープやカレーなど煮込むもの向き。

胸肉＝字の如く胸の肉。脂肪の少ないところ。肉質はとても柔らかく、味も淡白。肉色は薄い。唐揚げ、フライなど。

モモ肉＝足のつけ根なので、筋があって肉質は

図表14　鶏の部位

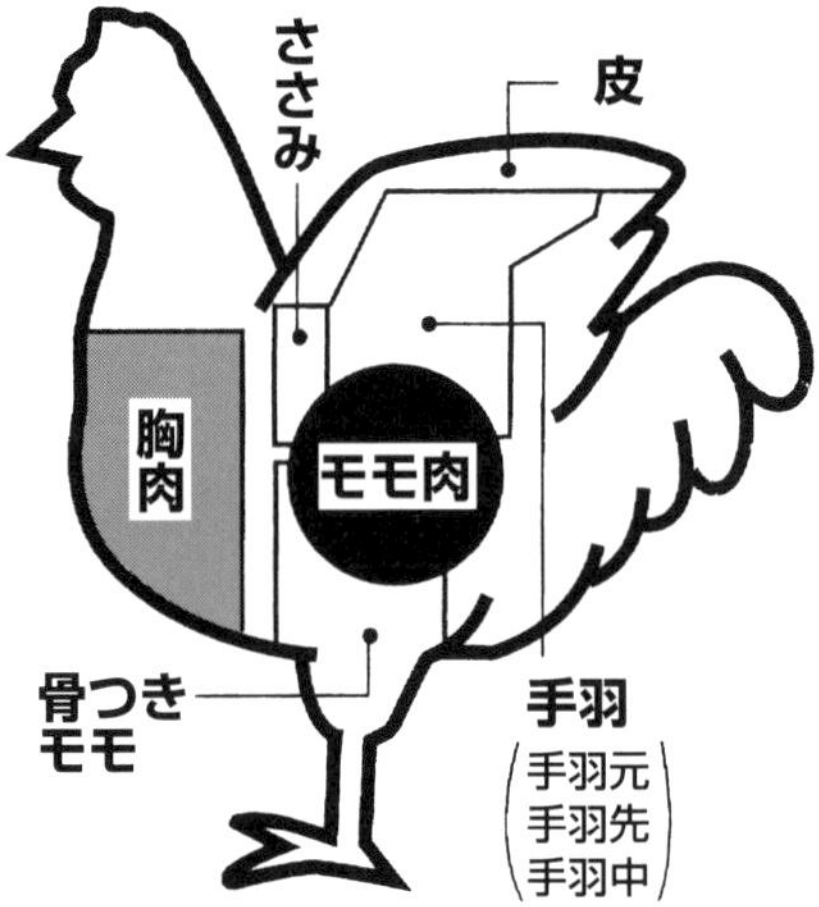

堅い。味は濃いめ。鶏肉の好きなヒトは、この部位で個体の良し悪しを決める。照り焼きがいい。

ささみ＝胸肉の内側にあるところ。ささの葉に似ているところからこの名がついた。脂肪は少なく、たんぱく質が多い。味はとても淡白。さっとゆでてサラダや蒸し鶏に向いている。

皮＝とても安価。栄養的には、ビタミンAやビタミンKなどもある。スープのだし、炒めもの、あえものなどにも使うと意外においしい。

こうした部位表示の他に、用途表示をすることも認められている。たとえば、よくスーパーなどで見かける「唐揚げ用（胸肉）」とか「焼き鳥用（モモ肉）」といった表示。

また、鶏肉のひき肉が目立つが、これは部位が細かいため、無駄になる肉が少しずつ出るので、ひき肉にしてしまうからだ。そのため、部位を混ぜることが多い。その場合は「国産鶏、もも、胸」など混合比率の多い順に表記しなければならないことになっている。

安心な食べ方

鳥の世界を中心にして強力な新型ヒトインフルエンザが出現しているので、鶏の安全な調理の仕方を知る前に予備知識として知っていてほしい。

今、鳥インフルエンザに対して、世界中が警戒を強めている。毒性の強い高病原性ウィルス（H5N1型）の鳥インフルエンザが世界的に広がりそうだと心配されているからだ。

二〇〇五年夏、中国青海省の湖で渡り鳥が大量に死んだ。もともと鳥が持っているウィルスならば大量死はあり得ない。鳥から鳥へ感染していくうちに、毒性の強いウィルスになってしまったのである。この鳥ウィルスがアジアからヨーロッパへと一気に広がった。一〇月にはEUが、生きたペット用鳥類を全面輸入禁止とした。人への感染、感染拡大を防ぐために殺処分されたり、インフルエンザで死んだ家畜は、アジアを中心に一億五〇〇〇羽以上になっている（農水省高病原性鳥インフルエンザ感染経路研究チームの話）。

不幸にして鳥ウィルスから新型のヒトインフルエンザのウィルスが生まれた場合、世界保健機構（WHO）は、「少なくとも世界で二〇〇万～七〇〇万人が死亡し、数千万人が治療を必要とするだろう」と警告している。日本では患者数は最大二五〇〇万人、死亡は六〇万～七〇万人と予測される。

鳥ウィルスが人から人へ感染するウィルスになるまでには、長い道のりがあると思われる。一九五七年に大流行したアジア風邪と六八年の香港風邪は、鳥ウィルスと人のウィルスが豚に感染して、豚の中で新型ウィルスを生み、人がそれに感染していったのである。しかし、その後、次々と新しい感染ルートが出てきて、その度に新型ヒトウィルスが生まれてきた。人間はそうした新型ヒトウィルスには抵抗力がないので、それが恐ろしいインフルエンザを起こしていくことになる。

予防はウィルスに感染した鳥を徹底的に殺処理し、感染を広げないことに尽きる。日本でも二〇〇四年に山口、大分、京都で、二〇〇五年には茨城、群馬、埼玉でも発生したが、大量の鳥を殺処理して封じ込めに成功している。

医学的には、抗ウィルス薬タミフルとリレンザと予防ワクチンである。だが、ワクチンはまだ新型人ウィルスのものは生産されていない。この予防ワクチンの開発・生産は世界中で急務になっている。

私たちが個人的にできることは、これまで通り、限られている。従来のインフルエンザワクチンをしてインフルエンザの感染を避ける。体の弱い人や抵抗力の少ないお年寄りや赤ちゃんなどは人ごみを避ける、体力をつける、など、これまでの予防を強化するしかない。

また、鳥インフルエンザが発生したところからの鶏肉は当然、市場に出まわっていないはずだが、それでも、やはり心配だ。どこまで紛れこんでいないとは限らない。

いずれにせよ、鶏肉は必ず熱を通して食べたほうがいい。鳥インフルエンザは熱に弱い。万が一、ウィルスがいたとしても死んでしまうはずだ。また、肉だけでなく、調理後は包丁、まな板、ふきんや食器など使ったものを熱湯で消毒すること。肉の切れ端など、捨てるものも、必ず熱湯をかけて消毒し、別の袋に入れて処分する。もちろん石鹸で十分手を洗い、エプロンや頭にかぶった頭巾なども他のものと別にして、熱湯に浸しておいてから洗う。

こんなにもやっかいなことをしなければならないのか。それなら、食べないか。それとも安心して食べられる鶏肉を探すか。

数は少ないが、安全な鶏飼いに努力している農家もまだある。まず、そんな農家を見つけ、少々高くても宅配などで手に入れてはどうだろう。食べる回数や量は、ずっと減るが、そんな道こそ、安全、安心な道である。

薬剤は飼料を通して肉に入り、輸入段階で防腐、抗菌剤などが散布されてくる。こうした添加物は、肉部分や肝臓に残留しやすい。特に脂肪部分に多くたまる。

こうした残留薬物は料理の下ごしらえのしかたで減らすことができる。他の肉と同様である。

①脂身を削ぎ落とすこと。

②焼く、炒める、煮るなどする場合には、あらかじめ薬味の味付け用汁に五〜六分漬け込む。肉汁が出てきておいしいと思うが、薬剤がかなり溶け出るので漬け汁は捨てる。

③それを洗い流して、あらたに調味料をつくり、調理する。

一〇〇%の解毒などできない。少しでも毒を減らす方法を考えるしかないだろう。

唐揚げの時でさえ、二度調味汁に漬け込む手間がほしい、一度目の五〜六分は解毒。二度目が味付け。煮る時は十分にアク取りをする。アクの中に薬剤は溶け出している。キッチンペーパーなどにしみ込ませるのもいい方法である。

鶏のささみでサラダなどをつくる時は、十分に湯通しして解毒させる。また、照り焼きなど大きな塊で料理する場合には、一度茹でるか、蒸してから調理すれば、かなり抗生物質などは溶け出す。

酢やみそを使うのもよい。また、昔から「お腹のそうじ」とか「毒消し」といわれるコンニャクやゴボウ、海草などは便通をよくして、早めに薬物を排出してくれる。肉類と一緒に食べたいもの。

漢方薬剤師の山田高士さんは「なによりも体調をくずさないこと。免疫を高めておけば毒素を排出する力が人間の体には本来ある」といい、「鶏肉だけ、豚だけとかたよらないで、いろいろバランスよい食事」をすすめる。

表示ラベルのチェック

スーパーなどでは、必ず卵を目玉商品としてきた。それほど卵は、経済効率をどんどん追求し、低価格を維持してきている。「物価の優等生」ともいわれるほどだ。

二〇〇四年二月末、京都府浅田農産は鳥インフルエンザ発生を知っていたようなのに、卵や肉を出荷し続けていた。その時期、あちこちのスーパーで、一〇個入り一ケースが一〇〇円を切って九八円で売られていた。山と積まれた九八円卵の前に貼られた紙には、〇〇県産卵としか書いていない。安くても、こういう卵に出会ったら、ちょっと待ったほうがいい。九八円の理由をしっかり訊くこと。〇〇県産の誰（〇〇養鶏場）生産か。飼い方は、エサは…といったように。この値段では、あまり信頼できるものではないと思う。

卵は産地表示をしなければいけない。「国産」か「都道府県名」が必要だ。市町村名と生産者名、連絡先が表示されていれば、信頼できる。

表示ラベルのないものも意外に多い。必ず表示ラベルを見つけること。産地の他、賞味期限（品質保持期限と同様の意味）、生産者が表示されているはず。もちろん、一番上に大きな文字で「〇〇卵」

と書いてあるものが多い。

ブランド卵

こだわった飼い方や特別な添加物をエサに混ぜることによって生産されたブランド卵が増えている。地域名や農場名をあげたものや「滋養卵」「ヨード卵」といわれるようなものだ。

ブランド卵は値段がかなり高い。それだけの安心度があるわけだから、二個を一個にしても、ブランド卵の方がいい。ただ、最近はブランド卵といわれる付加価値をつけた卵が、あまりにも卵そのものに添加物を加えてしまうために、かえって心配になる場合もある。だから、何が添加されているのかなど、よく気をつけて選ぶこと。

特殊飼料（ヨードやビタミンなど）で育てられたブランド卵は、飼料メーカーや大手流通業者が開発したものが多い。この場合、ケージ飼いの普通の鶏と同じように飼育して、ただ特殊飼料だけ与えているのが一般的だ。ヨード卵や滋養卵を産ませる鶏は、比較的体が強いので、抗生物質投与が少ないといわれている。

同じヨード卵でも、小さな農家が飼育していれば、平飼いのはず。「生産者」のところに聞いてみてはいかがだろう。

特殊卵は約六〇〇種類もあるので、業界で基準をつくり、成分表示を義務付けている。あまり卵にあれこれ添加していない方がいい。自然のままに越したことはない。

飼い方（平飼い、放し飼い）とエサの内容が書いてある○○農場や○○地域卵を探すこと。一個四○円から一五○円ぐらいまでとかなり高価だ。近いところでそうした養鶏家を見つけたら、まず電話して内容を聞いてみること。できれば直接出向いて交渉することをおすすめする。顔の見える関係で卵は選びたい。

賞味期限の目安は、夏場でも一七日以内とされている。宅配で送ってもらい、保存を正しくすれば、いつでもいいものを食べることができる。いい卵とは、新しくて、抗生物質など添加物のないもの（少ないもの）。味もいいはずだ。

見た目は、卵の肌がツルツルしてないものを。新鮮なものは卵の肌がザラザラしている。もちろん採卵日がついていると目安になる（採卵日を偽っていることもあったが）。

割ってみないとわからないが、一○センチくらい高いところから平板に落とすと、卵黄と濁ったような濃い卵白が盛りあがっているのが新鮮でいい卵。卵白が澄んでいてだらっと広がってしまえば古い卵。

箸で卵黄を持ち上げても、なかなか切れて落ちないのも、エサが安心な証拠。卵黄の色は濃いのがいいとかいう人もいるが、けっしてそうではないので気をつけよう。

卵黄は着色あり

卵黄の色は、食べたものがそのまま色となる。そのため、飼料に黄色トウモロコシやパプリカを使い黄色色素（キサントフィル）を増すことが多い。黄色トウモロコシも遺伝子組み換えのものではないかと気になる。色ばかりで選ぶようになったためか、時に合成色素を使っている卵を見かける。本当は色などどうでもいい。卵黄の色と栄養分はほとんど関係ないということを知ってほしい。

では、白玉と赤玉は、どちらを選ぶか。赤玉の方が少々値段が高い。

一般的には、卵用品種の鶏は白い卵を産み、肉用鶏は褐色卵（赤玉）を産む。肉用と卵用の品種を交配しながら品種改良していく中で、羽の色に関係なく赤玉を産むものも出現したという。

卵の殻の褐色は赤血球に含まれるヘモグロビンに関係している。しかし、まだまだわからないところが多い。赤玉の方が栄養的に優れているという人もいるが、はっきりしない。

保存の仕方

いいものを求めたら、丸い方を上にして、一〇度以下の一定温度で保存しよう。

かために茹でた卵をしょうゆで煮汁がなくなるまで煮込んだ「しょうゆ卵」や、茹で卵をみそに漬け込んだ「みそ卵」などは、冷凍したり、冷蔵しておけば、一、二ヵ月は大丈夫。解凍後気になったら、このまま少々水を足して火を入れる。

こうしておけば、お弁当に、突然の来客に、ラーメンやカレーの具にと大助かりだ。

●豚肉加工品

半調製品

豚肉の加工品といえばハムやソーセージと思いがちだが、お惣菜的に肉コーナーで売られている焼肉のタレに漬け込んだ肉から、ロールキャベツ、衣をつけて揚げればいいようになっているカツやコロッケなども、品質表示上は加工品に入る。このような半分手を加えることになる加工品は、意外に表示を見ない人が多い。

加工品を買うなら、自分の店の肉で手づくりをしている昔なつかしい小さな肉屋さんのものがいい。これならほとんど国産豚肉。しかも素性もわかりやすい。「どこの肉、どこの部位」と訊くこともできる。デパートや地元資本のスーパーでは、売り場の奥に調理室があって、客に見えるようにつくっているところもある。こうした、いわば〝自店方式〟ともいえる売り方が人気を呼んでいる。

気になるのは、量販店の冷凍ケースにぎっちり詰まっているロールキャベツ、ギョウザに豚まん、コロッケなどだ。大手食品会社から流通業者のものばかり。自宅で揚げたり、煮たりしなければならない半加工のこれらの食品は、肉屋さんのものとスーパーのものとでは、見た目が同じでも大きなちがいがある。

それは、たとえばロールキャベツをつくった人が目の前にいるかいないかだ。

肉屋の奥さんは自分でつくり、それを売っている。スーパーのロールキャベツは、別の場所で、誰がつくったのか全くわからない。当然、スーパーにやってくるまでの道のりも長い。道のりが長ければ長いほど、おおもとの値段は安くたたかれることになる。

「安い食材を集めなければ、スーパーの言い値につくれない。スーパーに入れてもらわなければ生きていけないから、当然、輸入肉を使わなければやっていけない」

栃木県宇都宮市のギョウザを関東一円のスーパーに卸している業者は「国産豚肉を使ったら今の倍以上の量を売らないといけない」と輸入肉の安さを強調した。豚肉はアメリカからのものが圧倒的に多い。安価な肉ができるのは、密集飼い、濃厚飼料で短い間に肥らせ、その間病気にならないように抗生物質などさまざまな医薬品を与えるといった超近代的大規模養豚だからだ。

素材の肉はほとんど輸入ものという不安もあるが、見た目や日持ちさせるために加えられる食品添加物がさらに問題である。

量販店の一括購入で、食品会社が全国のチェーン店ものを大量につくったりしているが、食中毒防止や味や見た目を良くするために、たくさんの食品添加物が使われることになる。

買う時にはまず表示がしっかりついているものを。表示をもとに判断するしかない。中身のすべての素材、生産場所がわかるかどうか。肉の部位、種類、添加物の種類、その用途、製造者の名前と連絡場所などが表示されていれば、表示については信頼できよう。

添加物は使用用途別に書いてあること。甘味料、保存料、酸化防止剤、殺菌剤、防カビ剤、着色料、漂白剤、防虫剤、酸味料、発色剤（二四〇ページの**図表15**参照）の一〇項目くらい書いてあるはずだ。これらの添加物は、なんだかんだいっても発ガン性がある。その上、複合的に使用するとなるとより不安だ。

特に保存料を入れているものはやめた方がいい。発ガン性の疑いのあるものが多く、染色体異常を引き起こすことが動物実験でわかってきた。また、よく使われている保存料のソルビン酸などは、そのものが少量で大丈夫といっても、亜硝酸と加熱すると突然変異を引き起こす状況もつくりだすといわれている。

半調整品はやっぱり肉の専門店で自店でつくっているものを買うのがいい。値段が高ければ、その分、買う量を少なくすれば、サイフも納得するだろう。

ハム、ソーセージ、ベーコンなど

どこの家の冷蔵庫にもハムやソーセージが入っているはずだ。ハムエッグにハムサンドと、その手軽さでハム、ソーセージは朝の食卓では大きな顔をしている。その主原料は豚肉。もちろん、鶏肉や牛肉から羊肉、魚肉までいろいろあるが、なんといってもわが国のハムの歴史では豚肉が最初である。一〇〇年余りの歴史があるが、初期の頃（明治から昭和初期）は、高級食品として一部の金持ちしか食べられなかったという。

一般庶民の食生活に入ってくるのは、ずっと遅れて昭和三〇年代（一九五五年〜）からである。高度経済成長時代に入り、国民生活向上や女性の社会進出が広がっていく中で、ハム、ソーセージは消費量が急増していった。

ハム、ソーセージなど食肉加工の歴史をいろいろ調べてみると、ハムの大衆化には「プレスハム」の開発が大きな役割を果たしていることがわかる。プレスハムは、ハムとはいっているが、ソーセージのように、いろいろな肉を混ぜ合わせ、ハムのような形につくり上げたもの。ハムやベーコン類を成型した後に残るくず肉を利用している。使われているのは、豚肉のほか、牛、馬、綿羊、山羊などの肉である。だから安いハム風のものが大量に売られるようになったのである。

それに加えて、美しい濃いピンク色した魚肉ソーセージが店頭に並び、それらがとてもかっこよく見えた時代があった。今振り返ってみると、毎日毎日、食べるものの形や色に新しさを感じた。工場で化学の力を借りてつくられた食べものが食卓に押し寄せていたのだ。それは、かつて経験したことのない、新しい食の時代への突入であった。換言すれば、今の「あぶない食の時代」への基礎づくりであったわけだ。

現在のハム、ソーセージは、少なくとも、四〇年前のように、「わけのわからない肉」を入れたり、どぎつい色をつけたようなものは出まわっていない。食に対するさまざまな規則ができ、表示も厳しくなっている。だが、偽装表示や表示もれが摘発されることもしばしばである。より安全で安心な買いものは、あなた自身の判断にかかっている。

というのも、ハム、ソーセージ等、食肉加工の原料肉の七割強が輸入ものなのだ。特に一九九〇年代に入ってから、すべての肉（豚、牛、鶏、その他）の輸入が増え続けている。

「ハム」と一言でいっても、いろいろな種類がある。肉の部位と作り方で名前がちがう。元来、豚のもも肉のことをハムといい、これをそのまま加工したのが本物。今では「骨付きハム」と呼ばれる。これに似たもので、肉塊を大きいまま処理してハムにしたものを最近はデパートなどのイベントでよく見かける。

一般的によく知られているのは、「ロースハム」、「ラックスハム」、そして「ボンレスハム」だ。これらは、豚肉のどこの部位を使っているかで、また製造法でちがってくる。まず、このちがいを覚えておくと便利だ。

「骨付きハム」やただ「ハム」と呼ばれる大きな肉塊は、ひと目でわかる。骨付きハムは生産量が少ないため高価だ。輸入ものではつくれない。作り方も発色剤や保存剤など添加物もほとんど使われてないものが多いので、なかなか手に入りにくい。ホテルや高級レストラン行きになっている。

ロースハムは背肉。ボンレスハムはもも肉。ラックスハムは肩肉やもも肉。ベーコンは三枚肉と呼ばれている豚のわき腹の肉（バラ）を使っている。

一頭の豚肉からはどれくらいのハムができるのか。平均すると骨付きハムは二本（九〇キロ前後のもの）、ボンレスハム二本（七キロ前後のもの）、ロースハム四本（二キロ前後のもの）、ラックスハム五〜六本（二キロ前後のもの）、ベーコン二つ（四〜五キロのもの）ができ、残りはプレスハムやソーセージになる。

表示読みに時間をかける

基本は表示をしっかり読むことである。表示しなければならないことが多くなったため、表示の字が小さくて、メガネを必要とする人にとってはとてもつらいことだ。でも、買い物に行く時には、天眼鏡（拡大鏡）持参でもいいのではないでしょうか。「人に見られている」なんて思わずに、納得ゆくまで天眼鏡で読むこと。それでもわからなかったら、店員さんに確認する。字は読めたが、その中身の説明ができないような店は、少々信頼度が低い。

表示には品名があるはずだ。○○ハムとあって、部位名が書いてあれば、そこに表示されている内容は信頼おけるだろう。

原材料名をすべて表記しなければならないことになっているが、都合の悪いものを記載しないで、たまたま検査した時に見つかるケースがあるからご注意。特に、ソーセージ、混合ソーセージやプレスハム、混合プレスハムは、品名に書かなければいけない。当然、主原材料である肉類も全部書くことになっている。この場合、複数使用は使われている重量の多いものから表記される。

保存料の添加物はさけたい

食品添加物の表記も義務付けられているが、保存料、発色剤などと、使用目的と薬品名が記載してある方が親切だ。いっぱいカタカナ名が書いてあるがさっぱりわからないでは、食べる人のことを考えていないとしか思えない。

ハムやソーセージ等、食肉加工品には、食品添加物をどうしても使いがちになる。なるべく無添加を探すこと。なければ保存料、発色剤、糊料等々といったように添加物の種類のできるだけ少ないものを求めたい。

特に、保存料は避けたい。保存料で代表的なソルビン酸は、動物実験で肝臓肥大や精巣の減少などを起こしているという報告がある。また、染色体異常を起こす発ガン物質でもある。

ハムやソーセージをおいしく見せようと、真っ赤な色を使っていた時代は終わったが、まだまだ自然の色に近づけようと硝酸カリウムなどが発色剤として使われている。これらはすべて合成品。遺伝毒性や発ガンの疑いやアレルギーを起こすこともある。「特に亜硝酸ナトリウムには注意が必要。遺伝毒性があるので、妊婦はやめた方がいい」と管理栄養士の高橋道智子さんはいう。

まちがいやすいのが「無塩せき」ハムと「無添加ハム」。「無塩せき」ハムは、保存料や発色剤などを入れた液(塩せき)に一週間ほど漬けて味や色を整える過程を省略しているハムで、無添加ではない。発色剤、保存料を使っていないことが多いので、よりましということだ。

加工すれば、どうしても生肉より色は悪くなるもの。まちがっても鮮やかなピンクや赤色のものは選ばないこと。

また、包装の表面がどこか薄汚れていたり、中身との間がブヨブヨしていたら、品質保持期限が十分あっても、古いものかも知れない。流通や店舗での保存が良くなかった証拠で、かなり古いものも

図表15　食品添加物表

使用目的	添加物名	分類	主な食品
うま味	グルタミン酸ナトリウム、グルタミン	調味料	ほとんどの加工品
	サッカリン、ステビア	甘味料	カマボコなど練り製品
	クエン酸、乳酸	酸味料	ドリンク類
	カフェイン	苦味料	インスタントコーヒー、ケーキ
腐敗防止	ソルビン酸	保存料	ハム、ソーセージなど練り製品
	BHT、トコフェロール(ビタミンE)	酸化防止剤	ハム、ソーセージなど
	ジフェニル（DP)、オルトフェニルフェノール（OPP)	防かび剤	ハム、ベーコン、ソーセージ
栄養	アスパラギン酸ナトリウム	アミノ酸類	ほとんどの加工品
	アスコルビン酸	ビタミン類	
	亜鉛塩類、塩化カルシウム	ミネラル類	
見た目	食用赤色２号、ウコン色素、クチナシ色素	着色料	漬物、ハム、ソーセージ
	亜硫酸ナトリウム	漂白剤	パン
	亜硝酸ナトリウム、硝酸カリウム	発色剤	ハム、ソーセージ
	アセト酢酸エチル	香料	菓子、アイスクリーム
製造加工	アルギン酸ナトリウム	増粘剤	練り製品
	塩化アンモニウム、焼成カルシウム	イーストフード	パン
	炭酸カリウム、炭酸ナトリウム	かんすい	ラーメン
	アガラーゼ	酵素	菓子
	塩化カルシウム、粗製海水塩化マグネシウム	豆腐凝固剤	豆腐
	グリセリン脂肪酸エステル	乳化剤	アイスクリーム
	クエン酸、リンゴ酸	PH 調整剤	ジュース類
	炭酸アンモニウム、炭酸水素ナトリウム	膨張剤	パン、まんじゅう

ラベルを貼りかえて売られることもある。

製造者名、販売元が住所から電話番号まで書かれていることが大切である。おかしかったり、困った時に問い合わせができるからだ。食べた後も「食べものノート」などをつくり、食品の表示を貼っておくといい。あなたの感想も書き込んでおけば、次の買いもの作戦に役立つ。

原材料の肉は、加工品のため、産地表示はいらないが、できれば書いてある方がいい。「国産」と書いてないかぎり、ほとんど輸入品である。もっとも、「国産」とあっても、肉は輸入ものかもしれないという不安はある。

添加物を少しでも少なくしたいなら、しゃぶハムではないが、湯通ししたらいい。焼くか炒める時も、出てきた脂汁を捨てること。

添加物は化合物質が多いので、そのものは少なくとも、他のものと化合して、悪さをすることも多い。たとえば、ハムに入っている硝酸カリウムや亜硝酸ナトリウムは魚のたんぱく質が好きで、これと反応すると発ガン物質をつくりだすことがわかっている。野菜やハム、魚貝類などの炒め物などは、いい組み合わせではない。

亜硝酸ナトリウムは、結構やっかいな添加物である。たとえば、保存料のソルビン酸と亜硝酸ナトリウムが一緒になると、発ガン物質ができる。だから、これが入っているのはやめた方がいい。しかし、ビタミンCの多い白菜やキャベツなどと一緒にすれば、亜硝酸ナトリウムのつくる発ガン物質を少しは抑えてくれる。

●動物廃棄物利用の加工品

エキス入り加工品ばかり

牛エキスは肉、骨、皮などいろいろな部位から抽出されるうまみ成分を凝縮したもの。スーパーのインスタント食品コーナーに並んでいる食品の中で、「牛エキス」の入っていないものを探すのは至難のわざだ。日本でBSEが発生した直後は、この牛エキスに脊髄など危険部位が含まれているということで、カレーやスープ類、インスタントラーメンの裏側をひっくり返して、真剣に細かい字を読んでいる人たちが多かった。私も読み比べ、結局納得いくものが見つからず、買わなかった。また、常備しておいたカレー・ルーを改めて見直したら、すべて牛エキス入り。捨てるにしのびないし、黙って廃棄はつくった人に失礼と、メーカーに問い合わせた。

「大丈夫ですよ。BSEの出ていないアメリカとオーストラリア牛のものですから」とそっけなくいった大手メーカーと、あちこちの部署を回してくれたあげく、「BSEの危険部位は使っていません。でも、やっぱり心配だから、今後は牛エキスはやめて豚や鶏にしたい」と付け加えた別のメーカーなど、対応はさまざまだった。今から二年半前のことだ。結局、買い置きしてあったカレー・ルーをすべて捨ててしまった。

今、改めて取材してみて驚いている。それからアメリカでＢＳＥが発生し輸入禁止になっていたのに、まだ、牛か豚かわからない「エキス」が使われているものが多い。あの当時とほとんど変わっていない。

牛エキスは、インスタントラーメンからスナック菓子まで、何にでも使われている。豚や鶏原料のハムやソーセージにも入っている。牛エキスなしには、この種の食品はできないところにまできていた。こんなにも、牛肉のうまみを日本人が好んでいたのか。

さて、前回「本社のものは、ＢＳＥの発生していないアメリカやオーストラリアの牛を使っているから安全」といったメーカーに問い合わせてみた。「アメリカの牛からＢＳＥが発生しましたが、牛エキスは大丈夫でしょうか」と。

メーカーの返事は「検査されて輸入されてきているものです。それでも、消費者にとっては気持ちいいものではないので、在庫がなくなりしだい徐々に切りかえる方針です」というものだった。

政府が輸入禁止する以前に入ってきて、すでに製品化されているものが市場に出まわっていることが、どう思うかと聞いてみた。返事は「声を大きくしていえないけど。とても気になります。エキスは何が入っているかわからないから」。

名前を出さないからといって、「あなたなら牛エキス入り食べますか」と聞いてみた。

「絶対に買わない。国産とはっきりわかる牛から自分で抽出すれば別です」と担当者は即答した。

豚や鶏、魚を使ってエキスをつくっているメーカーもある。メーカーなりに努力しているところも増えてきているのは事実だ。だが、味は牛エキス入りとはちがう。

豚や鶏、魚のエキスならBSEの心配はない。表示を見て、牛エキスの入っていないものにすればいい。だが、豚や鶏エキスとて、抗生物質やホルモン剤が凝縮しがちの部位を使っていれば、当然、エキスの中にも残留されている可能性が大きい。抗生物質やホルモン剤は発ガン性が高いのは常識なので、インスタント食品は本当に暇のない時だけにしたい。少しでも危険を減らした食生活をこころがけたいものだ。

時間をつくって、カレー・ルーもカレー粉から本格的につくりませんか。いっぱいつくって、一回分ごとに小分けして冷凍しておけば、忙しい時にも使える。我が家特製のカレーのおいしさは格別のはずだ。休日に夫も妻も子供も一緒になって「カレーストック日」をつくりましょう。健康で、家族の絆も深まって、一石二鳥だ。

安心、安全なコンビニ弁当をつくろう

外食産業は三〇兆円産業。吉野家の牛丼がなくなってしまうと行列ができ、アメリカ牛にBSEが発生したという大問題などすっとんでしまう。若者からおじさん、おばさんまで、二人集まれば牛丼の話ばかり。この国の食事はどうなってしまっているのだろう。

デフレに倒産、リストラ、若者失業時代に年金への不安と、食はますます手軽で安い「中食（できあいの惣菜や持ち帰り弁当、コンビニ弁当などのこと）」へと広がらざるを得ない。中食の売上は五兆一一四四億円というすごい金額だ。

二〇〇二年の首都圏の昼食は、五人に一人が弁当を買って食べていた。この弁当もたぶんセブン・イレブンの弁当のようなコンビニ弁当であろう。なにしろ、不動産屋の前に張られた物件に、「コンビニまで一分」なんていう条件がある。若者の部屋探しの大きな条件の一つにコンビニまでの距離があるとは…。

このコンビニ弁当、セブン・イレブン・ジャパンだけで売上高六七〇〇億円にのぼる。けっして高いといえない弁当で、この金額である。弁当の量にしたら大変なものだ。

コンビニ弁当は、かつては添加物の表示だけでよかったが、二〇〇〇年にJAS法が改正され、食材から調味料のすべてを表示することになっている。コンビニに行くと、ほぼ表示をきちんと守った弁当が並んでいる。少々気になる小さな弁当屋で買うよりもコンビニ弁当の方が選びやすくなった。

しかし、落ちついて、コンビニ弁当の表示をしっかり読むことが大事だ。表示がおかしかったら迷わず問いただすことも必要である。

健康面、安全面からいって、野菜と肉や魚がバランスよく入っている弁当にしたい。ごはん三対肉や魚、卵一対野菜二という割合いが最高。コンビニ弁当は、肉・魚・卵の部分が多すぎる。この部分はたんぱく質と脂肪部分で特に脂肪が多い。近くに野菜のおひたしや煮物があったら一品買い足したい。せっかく安い昼食をと思っているのにという方は、家庭で大根、ニンジン、ゴボウなどを佃煮風煮ものにしておいて持参したらいかがだろう。ニンジン、キュウリ、大根のピクルスなどなら、広口ビンにつくっておけば面倒くさくない。中食にもひと手間かけたいものだ。食材をバランスよくすれば、免疫力も高まって、体に悪いものがあっても害を少し減らす力になるからだ。自己防衛をしたい。

スーパーやデパートの食品売り場で売られているお弁当には気をつけたい。食品業者が工場で作って納入しているものは、コンビニ弁当と同様、原材料の表示がなければならない。納めてしまえばというわけではないだろうが、売り場に作り手がいないので、表示の内容を聞いてもわからないことが多い。また、工場名がなくて販売業者だけのものもあり、こうしたものは不安だ。

ハンバーガーやカレー、シューマイ、ギョウザ、春巻きなどといった肉の素性のわかりにくいおかずはできる限りひかえた方がいい。調理の段階で余分な添加物が加わったり、肉も何の肉のどの部位が使われているのかわからなくなりがちだからだ。特に輸入肉を使うことが多くなりやすいから十分気をつけたい。こうした弁当などの肉には、「トレーサビリティ法」は適用されないからだ。

店内の売り場や店頭でつくられる場合は、対面販売で表示義務がない。コロッケ、ハンバーグ、カレーといっても、牛か豚かわからない。その場で焼いている焼肉なら、目を凝らせばわかるけど、裏の調理場でつくられていたのでは、わかりにくい。ましてひき肉使用コロッケなど全くわからない。

「弁当には、意外に輸入冷凍肉が使われます。私たちは弁当箱に詰めるだけですもの。聞かれなければ、これアメリカの牛肉よなんて、店員さんにいいません」

あるデパートで長く弁当パックに惣菜を詰め続けてきた女性は説明してくれた。

昼頃で大忙しの時に「この肉、どこ産」なんて聞くには、とても勇気がいる。ファストフード店のお持ち帰り弁当も対面売りなので、表示は義務付けられていない。「中身の肉はどこ産ですか」なんて聞いている人は、おそらくいないだろう。

肉専門店などで惣菜や弁当を売っている店が時にある。こんな店は、目の前の売り物でつくっている。コンビニより一〇〇〜二〇〇円割高になるが、こちらの方が安全だ。仲良くなれば、野菜多め、豚は〇〇県産、牛は和牛、と注文もできるようになるかもしれない。

夢をいえば、今農村部でできはじめている「専業主婦」「農業主婦」といわれる女性たちの弁当屋さんを、都会にもつくっていくこと。こうした格安で安全で健康的な弁当屋を中食派の人たちが力を合わせて誕生させていきたいものだ。

ラーメンスープの向こう側

「ラーメン屋になってから四五年。今、一番売上は少ないが、うちのラーメンは、安心安全日本一だといいたいね」

よく食べに行く埼玉県秩父市のラーメン屋さんが、こんなことを話しかけてきた。京都で発生した鳥インフルエンザの届出が遅れ、二次感染、汚染卵や感染している鶏が市場に出てしまっていた時のことである。

「安心安全日本一」の理由を聞くと、「この四五年間、わが家はお客さんに出しているスープを家族で飲み続けてきた。三度三度のご飯に、何はなくても店のスープが出ていた」というわけだ。その結果、風邪らしい風邪もひいたことがない。子供は巣立って行き、七〇歳近いご夫妻は歯医者以外、病気で医者へ行ったことない。それもこれも我が店のラーメンのスープのお陰という。

ラーメンスープには、たんぱく質、脂肪、さまざまなビタミンなど、健康にいいものがいっぱい入っている。肉や魚、野菜などのうまみ成分がたっぷり溶け出しているからだ。だが、アメリカのBSE牛エキスは入っていないだろうか。輸入鶏や薬づけの鶏、素性の知れない豚肉ではないだろうか。現に、熱を加えれば大丈夫だが、今回も鳥インフルエンザ感染の京都浅田農産の鶏がラーメンのスープになってしまっていたではないか。

そんな私の反論に秩父のラーメン屋さんは答えてくれた。スープのだしは、豚肉と豚骨、鶏の骨、昆布にかつおぶし、それにジャガイモ、ゴボウなどいろんな野菜で、何度も何度もアクを取ってつくる。材料は、四五年間、それぞれすべて同じ店から買っている。昆布やかつおぶしを除いて、すべて地元産のもの。生産者も小売店も四五年間のつき合いだ。

ラーメン屋の奥さんが自分の家のスープに入っている豚のエサを知っていた。海のない山のラーメン屋さんなのに、スープに入っている昆布を売っている人から北海道の海の話を聞かされていた。

「これが普通のラーメン屋と思っていた。だって、昔はどこもそうだった。日本でBSEが発生した時、まわりを見てそうじゃないってわかったんです。お客さんがお宅のスープは?って聞いてきてからね」

こんなラーメン屋さんが、まだまだ街の中に静かに暮らしている。まず、こういう店を探し当ててたい。

だが、ラーメン店で目につくのはチェーン店だ。チェーン店の場合は、スープ工場で一度に大量に生産された凝縮スープの冷凍や冷蔵したものが、それぞれの店に送られてくる。「業務用」と呼ばれるものだ。これでは、何が使われているのか、店の人はほとんどわからない。このような業務用スープは、輸入の安い冷凍肉のクズや骨や皮を使っている。

ラーメンブームで、いろいろお店の味を出そうと努力しているところがどんどん出てきている。そうしたオリジナルのラーメン店の方が安全度は高い。ラーメンはスープが生命なので、そんな特色ある店を選んでみてはいかがでしょう。

ラーメンの種類は、チャーシュー麺より野菜ラーメンの方がいい。ネギラーメンなどは、脂分の多いスープでもネギによってバランスをとってくれる。また、スープのことが気になったら、お酢をたっぷりと入れ、スープを飲み干さず残すぐらいにしておけば、酢による効果も期待できる。

麺も手づくりならなおいい。前出の秩父市の店は、粉も地もので手作り麺。安全な食を求めている人の一杯のラーメンがこんな店を支えているのだろう。

冷凍食品が恐ろしい

ミニハンバーグにミートボール、鶏の唐揚げにチキンナゲットと、冷凍庫は子育てお母さんの必需品でいっぱい。「これ、大丈夫?」なんて考え出したら気がおかしくなりそうだ。「まあいっか。どうせ一生は一生さ」とひらきなおっても、かわいい子供のこととなるとそうもいかない。

冷凍食品には原産地を表示の義務はない。食品加工業者のところにきた時には、「米国産牛バラ」なんて表示したダンボールに入っているが、ここでばらして、ひき肉などにし、ハンバーグにしてしまえば、全く無国籍のハンバーグになってしまうか、国産牛ハンバーグと偽装表示されるかどちらかだ。偽装されてしまうことなどよくある。

冷凍食品の牛肉食材は、アメリカ産かオーストラリア産が圧倒的に多い（ＢＳＥアメリカ発生、輸入禁止前まで）。中には、現地でつくって冷凍食品として輸入されてくるものもある。

牛肉の場合は、ＢＳＥが一番気になるので、国産にした方がいい。日本もＢＳＥ発生国といわれてるかもしれないが、ＢＳＥの問題では、今のところ世界中で一番安全な牛肉をつくっている国であるといえよう。それは、ＢＳＥの感染牛が出ないようにするため、初めてＢＳＥ発生（二〇〇一年九月）以来、生産から流通まで、厳重に検査、管理されるようになったからだ。

現在、国内のすべての牛にＢＳＥ検査（全頭検査）を実施し、すべての牛の特定部位（危険部位）と決められている脳、脊髄、眼、小腸、大腸を除去、すべてを焼却している。

また、農場で死亡した牛もすべて精密検査し、その牛は結果に関係なく全部焼去されている。こうした死亡牛は年間約八万頭ある。このような厳しいチェック中でも、日本では一八頭目のＢＳＥ牛が発生している。しかし、検査がしっかりと行なわれているので、日本の牛肉は、ＢＳＥ関係では安全だ。

国産でも全頭検査前のものだったら、アメリカ産牛肉も輸入禁止前のものだったら、と心配になる方は、賞味期限表示でだいたいの目安がつく。冷凍食の賞味期限は、だいたい一年。表示されている賞味期限からさかのぼって考えるといい。二〇〇四年九月とあれば、二〇〇三年六〜九月頃に製造されたものと予想される。そうすると、二〇〇三年一二月にアメリカでＢＳＥ発生だから、安全なんていえない。国産ものだったら、BSE検査済み牛肉だから安全だ。

メーカーによって賞味期限のつけ方がちがうので、「お客様相談ダイヤル」が表示されていれば、問い合わせてみたほうがいい。相談ダイヤルがなければ、メーカーに直に確認を。問い合わせ先もわからない商品は買うのをやめよう。

安心できる国産牛肉を手に入れ、ミートボールやハンバーグをつくって冷凍しておけばいい。楽しみながら子供に手伝ってもらってつくれば、意外に苦にならないものだ。

豚や鶏の冷凍食品も同様だ。鶏肉の冷凍食品は、肉の原産地と加工した国が同じことが多い。鶏の唐揚げなどは揚げればすむ状態で輸入されている。肉に残留している抗生物質やホルモン剤、ワクチンなどが衣と油で包み込まれてしまうので、勧めたくない食品である。

子供が大好きなだけに、「おかあさんの唐揚げ」にしていただきたい。これも調理して、冷凍しておきませんか。京都の「蜂の子子供たべもの相談室」の相葉桐子さんは「週三回の冷凍鶏の唐揚げなんてやめて、月一回くらいにしてみてほしい」といっている。

焼肉は昔からの専門店で

日本でBSE一号が発生した時、街の焼肉屋さんは悲惨だった。「アメリカ牛一〇〇%使用」「オーストラリア産で安全」なんて、大きなポスターが貼られた店にばかり客は流れていた。

「あの時はとても苦しかった。でも必ずお客はもどってくれる」と歯をくいしばって耐えた店もいくつもあった。当時、そんなお店を取材すると「信用できる国産牛を使っているから大丈夫。アメリカやオーストラリアがいいっていったって、いつBSEが出るかわからないよ。だって、向こうの方が先に肉骨粉を食わせていたんだろう」と怒っていた。

焼肉屋のプロとして、もはや○○国だから大丈夫という時代でなくなっていることを実感していたのだ。この店は埼玉県なのに、知人をたよって長崎県の肉の卸し人から半頭分を買って冷凍しながら使っている。もちろん内臓も買いこんでいた。

アメリカでBSE一号が発生した時、この店に「やなこと当たりましたね」とおじゃましたら、「全く」と深刻な表情。「牛は国を越えてあちこち行っているから。BSEだって広がってしまう。日本の牛が安全であるためには、輸入肉の検査も日本と同じにしなくっちゃ」といって、焼肉の選び方を教えてくれた。

まず店は大手チェーン店を避けること。ほとんどがアメリカ産か他国の輸入ものでBSEの心配はまだまだ続く。

○○県産和牛とか、黒毛和牛、国産牛使用の店と表示されている店を選びたい。小さな焼肉屋や居酒屋の方が、かえって国産牛や豚を使っている。

表示してあれば、それを確認する意味も含めて、「どこの県のどこ農場」「どうやって手に入れていますか」とマスターやママに聞いてみる。焼肉専門店ではトレーサビリティで表示することになっているが、残念ながら、まだ少ない。

どの部位を注文して食べるのが安心か——。まずロースを見るといい。冷凍外国産か国産かは色や脂肪のつき方でなんとなくわかるからだ。そのためには、デパートや肉屋で国産牛をよく見て覚えておきたい。ひどく赤かったり、とても淡いピンク、黒ずんだ肉は冷凍外国肉かもしれない。脂肪がきれいな白で美しく入っているのが国産。ロースは高いので、切り落としのロースのいいものを選んだ方がいい。

骨つきカルビなど、骨つきはやめた方がいい。安全といっても、万一外国産なら骨は危険度が高い。当然、BSEの特定危険部位は売られていないはずだが、内臓には十分気をつけてほしい。腸関係はやめた方がいい。

ジュージューと油を落とし、半生は避けること。二〇〇四年夏、北海道で生焼けの豚レバーを食べてE型肝炎になり死者まで出た事件があった。焼く前に十分下味に漬け込み、その下味をよく振り落として焼くと、エサに含まれていた抗生物質やホルモン剤が下味に万一残留していても、かなり溶け出す。

焼肉を食べる時には、肉の二倍は野菜を食べたい。特にキャベツがいい。キャベツをサービスで出す店もあるが、これは理にかなっている。キャベツには消化を助ける酵素が多いので、肉の毒素を除いてくれる力を持っている。焼肉大好きの人は、とにかく野菜の力を借りること。また、酢の味で食べると免疫力を高めて、毒素の影響を弱めてくれる。

お菓子のグミも家畜の皮や軟骨から

フニャフニャとした食感で、子供の大好きな「グミ」。あれが牛や豚、鶏の皮や軟骨からできているのをご存じですか。

グミはゼラチンそのもの。ゼラチンは、台所を探すとあちこちにあるでしょう。昔流にいえば「ニカワ」といわれるものだ。今は粉ゼラチンなどといわれてゼリーなどをつくる時に使っているはず。このゼラチンが牛や豚、鶏の皮や軟骨からつくられている。良質のたんぱく質として、子供やお年寄り、病院食などのデザートなどによく使われている。

日本でBSEの第一号が発生した時、小さい子供を持っているお母さんたちは、グミのことが気になって仕方なかった。私もよく「大丈夫か」と聞かれた。しかし不確かなことをいえないので、ゼラチンをお菓子に使っているあちこちのメーカーに問い合わせてみた。

あるグミメーカーは「脳、脊髄、眼、回腸遠位部(現在は小腸、大腸まで拡大)など、BSEで問題になっている四ヵ所は全く使っていません」と怒ったようにいい、「骨や皮、腱を使っている」と。また、あるメーカーは「危険部位は入ってないが、それでも消費者は気になるものです。豚や鶏に変えたい」。「ゼラチンパウダー」「板ゼラチン」メーカーは、「アメリカ産の牛皮や輸入鶏を使っているから安心」といっていた。スーパーなど調べてみると「ゼラチン」だけの表示が圧倒的に多い。メーカーに聞くと「豚」「牛と豚」「牛と鶏と豚」と各メーカーさまざまだ。

アメリカでBSEが発生した時、「アメリカ産を使っているから安心」といったメーカーに、再度問い合わせてみた。「信じていたのに。でも危険部位は使ってない。今、豚に切りかえるつもりです」とはっきりいっていた。

表示は相変わらず「ゼラチン」ばかりだ。どうしても「グミ」を食べたがる子供には、お母さんの言葉で「牛さんの病気」のことを話してあげてください。そして、単に「ゼラチン」とだけでなく、牛か豚か鶏かをはっきり表示してあるメーカーのものを選ぶように。さらにその生産国が表示してあれば、メーカーの姿勢はより信頼できる。

ゼリーやババロアなどを安心して食べるには、自分でつくるか、信頼できる菓子屋のものしかない。家でつくる場合には、寒天をうまく使うといい。寒天はゼラチンとは栄養的に全くちがうものだが安心だ。海草（てんぐさ）が原料の寒天は、ほとんど食物繊維で、便秘やコレステロール値を下げるなど、健康食品とまでいわれている。

時間と興味のある方は、てんぐさから寒天をつくるのも楽しいもの。小さい子供と一緒に寒天でゼリーなどをつくれば、食物に対しても気をつける子供に育っていくかもしれません。

ベビーフード

「ベビーフード」とは、離乳食の始まる一番大切な時に赤ちゃんの食べる調理済食品のこと。私がずっと気になってしかたなかった食べものである。その人の生涯の味を決定する時に、安全面を含めてメーカーに一〇〇%まかせてしまって大丈夫なのだろうかということだ。

ベビーフードの表示をよく見ると、牛肉や牛エキス、ゼラチンを使っているものが目立つ。BSEが国内で発生して以来、メーカーへの問い合わせが相次ぎ、BSEが発生していないオーストラリアやニュージーランドのものを使うようになってきている。食べる相手が赤ちゃんなので、各メーカーとも十分に気を使っているのは事実である。でも、やっぱり気になる。「アメリカは大丈夫」といっていたのに、BSEが発生した。「危険部位は使っていません」といっても、「エキス」になってしまっていれば、どこの部位か、どこ産の牛か全くわからない。エキスには原産地も部位も表示されていないからだ。

危険をおかしてまで牛の味という高級味を子供につけさせることが大切なのだろうか。我が家、私に続く味を、我が子だからこそ伝えたい。安心できるみそ汁に、つくった人の顔や畑の見える野菜や海草、卵や肉を入れて、「わが家の離乳食」はどうだろうか。

赤ちゃんの時から、たんぱく質や脂肪を与えなければと神経質にならなくてもいいのではないか。心配なら、育児ノートをつけて、時々近くの保健所に相談してみること。どんなに忙しくても、父と母と二人で子育てのできるいい時代になってきた。これくらいのことは両親の当然の仕事であるはずだ。

それでもベビーフードをという方は、少なくとも「牛エキス」のないものを選ぶことだ。また、ベビーフードメーカーは、ほとんどお客様相談ダイヤルを表示している。どんなささいな不安でも電話で相談すること。対応があまりよくなければ、そんなメーカーのものはやめた方がいい。

コラーゲンと美白化粧

化粧品に「コラーゲン」という文字が表示されてから、まだ一〇年くらいだ。今や「コラーゲン」がなければ化粧品ではないほど、コラーゲンブームだ。コラーゲンというのは動物の体内にあるたんぱく質のことだ。人間も動物なので、このコラーゲンの体内での生成量が減ってくると、皮膚のはりがなくなり、たるみやしわができてくる。そこで、化粧品としてコラーゲンを皮膚に与えるというわけである。

コラーゲンは家畜の皮、骨、軟骨、腱に多く含まれていて、ゼラチンをつくる過程で抽出される。皮と骨が原料のコラーゲンは、BSEの危険部位ではないので、「使用禁止」にはならなかった。だが、BSE発生国の牛を使っているものは「自主回収」をした。日本でも発生したので、「原料自体の入手がめんどうになってきた」と、大手化粧品メーカーでは魚や植物に切り替えているところが多い。

一方、飲むコラーゲンのPRが、女性週刊誌やチラシなどに多く登場している。これらの広告を見ると、そのほとんどが原料を明記していない。しかも「健康食品メーカー」の商品が多い。気をつけたい。

コラーゲンは年齢と共に減ってくるもの。ここでも不自然なことをすると、やっぱり体に良くない。表示に原料が何かしっかり表記してあれば、使用してもいいが、表示のない飲むコラーゲンは気になる。やめた方がいい。コラーゲンなしでも、あなたの美しさは変わらない。そんな自信を持つ方が安全だ。

化粧品業界売れ行きNO1の「美白化粧品」は牛の胎盤エキス（プラセンタエキス）だった。この牛の胎盤は、BSEの危険部位、脳、脊髄、眼、腸、扁桃、リンパ筋、脾臓、松果体《しょうかたい》、硬膜、胎盤、脳脊髄液、下垂体、胸腺、副腎の一四ヵ所に入っている。

二〇〇〇年から二〇〇一年にかけてのBSE発生時には、国もメーカーもパニック状態だった。現在は一応落ちつき、店頭に並んでいる化粧品には危険部位は入っていないはずだ。

美白化粧品だけでなく、パックやシャンプー、トリートメントなど、さまざまな化粧品に胎盤エキスを使っていた。店頭には並んでいないはずといっても、実態はよくわからない。表示をよく見て選んでいただきたい。

「プラセンタエキス入り」とあったらやめるべきだ。また、表示のはっきりしないもの、表記がないものは使用しない方がいい。

化粧品も自分でつくってみるのもいいでしょう。メイキャップ用は、原料のはっきりしているメーカーのものを使い、基礎化粧品は手づくりで。

上等な酒や焼酎に農薬を使ってないユズ、ミカン、レモンなどの柑橘類を使った化粧水。アロエ、キュウリ、ヨモギなども効果がある。

化粧品がこんなに一般化していなかった時代、女たちは台所にあるさまざまな食べ物を化粧品にしていた。小豆、こうじ、米ぬか、椿油など。また手づくりの「マイ化粧品」をつくってみませんか。

●食べ方を考えよう！ 食生活にバランスを レシピ付き

「食育」、「地産地消」という言葉が飛び交い、「食育基本法」さえ生まれようとしている。それほど、食生活が乱れ、糖尿病や高血圧症などと生活習慣病が増えている。また、食べ方が狂ってしまって、栄養のバランスが崩れ、体調を乱してしまっているということである。

たとえば、日本人の主食であるお米は、この四〇年間で半分になってしまった。一九六二年に一人当たり一一八・三キロ食べていたのに、二〇〇三年には六一・九キロになっている。これに対して、肉類の消費は約三倍で、一人当たり二八・二キロ。油脂類も増加して二・四倍の約一五キロとっている。このように、お米中心の日本食だった日本人が、この四〇年間でパンを中心とした肉や油脂類へと洋食化してきた。

その結果、私たちの体は変調をきたしている。たとえば、糖尿病患者は、今約二三〇万人という。この数字は一五年前の約二倍に当たる。死亡率（人口一〇万対）を見てみると、この四〇年で約三倍になっている。糖尿病ばかりではない。ガンの死亡率も同じくらいである。

そして、子供を中心にした肥り過ぎ傾向が強まっている。それは、家庭内で食事をつくって食べることから、「ファストフード」という言葉に代表される外食が食卓化したからである。

「ファストフード」を食べ続けるとどうなってしまうか。アメリカの映画『スーパーサイズ・ミー』が日本人の食卓に問題提起している。これは監督自身がハンバーガーを食べ続けたらどうなるかを体験したドキュメンタリー映画だ。毎日三食、マクドナルドでハンバーガーを食べ続けた。その結果は？「実験」前に三人の医師から「健康体」と太鼓判を押されていた監督の体は、大変なことになっていた。三〇日で体重は一一キロ増加、体脂肪は七％増え、総コレステロールは急上昇し、「これ以上食べ続けたら命があぶない」とドクターストップがかかった。この三〇日間で監督は、脂肪を約五キロ、砂糖を一三キロもとっていた。

マクドナルドは一九五〇年代にアメリカで開店され、日本にやってきたのは、一九七一年だ。現在、マクドナルドのお店は日本に約三七五六点舗あり、これは世界で二番目の多さである。日本で一年間に売られたハンバーガー類は、一〇億八四〇〇万個（日本マクドナルド社）になるという。その食材は、カナダ、アメリカ、オーストラリアなど外国産で、日本産はゼロである。

食生活にはバランスが欠かせない。肉や魚、野菜に穀類と上手に摂取していくことが大切だ。医食同源と昔からいうように、私たちの口にするものが体をつくり守っていることを忘れてはいけない。

安全で美味しいレシピを肉別にいくつか紹介しよう。

〈豚肉とレンコンの炒めもの〉

レンコンは意外に健康によい根菜類。食物繊維はもちろん、ポリフェノールやビタミンCを含んでいるので、有害物質を排出するのにいい。また、抗酸化作用があってガン予防にも効果がありそうだ。

材料は豚肉（小間切れ）、レンコン、ニラ、サラダ油、ラー油、調味料（砂糖、酒、みりん、しょうゆ）を用意する。

作り方の手順は、まずレンコンは皮をむいて、薄く切り酢水につけて、下ゆでをしておく。また、ニラを洗ってざく切りし、ラー油となじませておく（三〇分ほど）。この下準備が終わったら、サラダ油を熱し、肉を炒める。色が変わってきたら、レンコンを入れてかきまぜる。そして、水を少々入れ、弱火でレンコンが柔らかくなるまで煮つめる。最後に砂糖、酒、みりん、しょうゆで味を整え、火を止める直前にニラを入れて、しんなりしたらでき上がり。

〈キレイキレイサラダと煮リンゴ〉

「一日一個のリンゴはガン知らず」といわれるほど、リンゴの働きが見なおされている。リンゴに含まれるアップルペクチンというものが、体内のお掃除役をしてくれるという。特に発ガン物質をよく排泄してくれるということがわかってきた。

リンゴに含まれているからアップルペクチンというが、ペクチンはすべての果物の中に入っていて、果物が熟れてくる時、ゼリーのようになる。ジャムやゼリーなどに使われ、特にリンゴに多い。ペクチンは水に解ける食物繊維なので、腸内をゆっくりと掃除して、毒下しをしてくれる。

研究者の共通した意見は、毎日、中程度のリンゴを生で一個食べるのがよいというもの。でも、なかなか生では食べにくい。そんな人にリンゴを煮てしまう料理も紹介しよう。

「キレイキレイサラダ」は、ありあわせのサラダ用野菜でいいが、欠かせないものは、リンゴとヨーグルト。酢かレモン汁。

リンゴは六つ割りにして、芯を取り、薄くいちょう切り。切ったリンゴは塩水に入れ、さっと上げてレモン汁をかける（なければ酢）。サラダ菜、レタス、白菜など、サラダ向きの葉物をしき、リンゴを盛ってヨーグルトをかける。あれば、ピーナッツ、胡桃などを細かく刻んでのせるといい。

味をみて塩か酢をかける。食べる時は、肉を食べる前に食べた方が、肉の量を減らすことができる。

煮リンゴのほうは、きれいに洗ったリンゴを皮つきのまま丸ごとひたひたの水に入れ、弱火で変色するまで煮る。

煮リンゴをサラダにする場合は、皮ごと丸のまま、豚肉をしいて、一緒に煮るといい。リンゴにシワができて、クシがよく通ればできあがり。皮ごと二つに割って皿に盛り肉をそえる。熱いうちにワインなどをふりかけると香りが出ておいしい。豚肉とリンゴの相性はとてもいい。

〈キムチ牛丼〉

吉野家の牛丼ばかりが牛丼じゃない。これはキムチの助けを借りて健康を考えた牛丼。

キムチはすぐれた発酵食品だ。カルシウム、ミネラル、ビタミンA・B・Cなどなど栄養的に見たら放っておけない良い食品。自分でつくれたらいいのだが、大変なので、売られているキムチをよく見て、添加物の入っていない納得いくものを求める。

白菜キムチを細かく（食べやすい大きさ）きざんでおく。牛肉は当然国産物。そう上等な肉でなくてもいい。牛肉も適当な大きさに切り、長ネギも入れる。肉とキムチの割合は同量くらい。少々の油でみんな一緒にして炒める。肉の色が変わってきたら、だし汁をひたひたになるくらい入れ、砂糖、しょうゆで味をつける。

ごはんの上にのせて、キムチ丼のできあがり。唐辛子のきいたキムチは食物繊維も発酵菌もあり、ネギの血液サラサラ効果も加わって、くせになるかもしれません。

〔ゴボウと牛肉のきんぴら〕

ゴボウに含まれている食物繊維はリグニンといわれ、老廃物を排出する力が大きい。また、抗菌作用もあるので、昔から血流の改善やむくみにいい食材といわれてきた。そんなわけで、毒下しにいい一品。

ゴボウは、タワシでごしごし洗って皮はむかない方がいい。大きめのササガキにして、水にさらしてアクを抜く。水気を十分に切っておく。

牛肉は細かく切って、少なめの油で炒め皿に取り出しておく。牛肉からも油が出ているので、同じフライパンを使って、ゴボウを炒める。

だし汁をひたひたになるまで入れ、かため煮にする。食べてみて柔らかくなったら、酒、みりん、砂糖、しょう油で味付けする。

ゴボウと牛肉は相性がよくて、昔から牛肉のゴボウ巻きなどもある。昔の人は、科学はわからなくても、体験的に理にかなった食事をしていたのだ。

〈牛肉のみぞれ大葉ちらし〉

体力が弱ってくるというのは、毒素を外に出す力が弱まってきたということでもある。肝臓や腎臓などの働きが弱くなって、毒素を排出し切れなくなってためてしまう。

肉が好きだからといって、どんどん食べていたら、脂肪をためこむことになり、やがて病気を引き起こすことになるわけだ。少しでも体が排出しやすくなるように考えて食べることも大切だ。

大根おろしは、消化酵素をいっぱい持っていて、繊維も多い。それに、大葉は肝臓の機能を高めてくれる物質を持っていることが、研究の結果、わかってきた。大葉のあのいい香りがその成分だ。

ステーキや焼肉などの時、肉と同量くらいの大根おろしをつくる。サイコロステーキのように焼肉を切って、大根おろしをたっぷりかける。その上から、大葉をたくさん刻んでかける。柑橘類の汁を絞れば、最高だ。レモン汁なども、肝臓機能を助けてくれて、肝臓に脂肪がたまるのを防いでくれる。

大葉はベランダでも育つので、苗を買ってきて三本ほど植えておけば、大切な毒下し剤になる。

〔手羽先健康スープ〕

手羽先は鶏が運動量を貯えてきたところだ。タンパク質もいっぱいで、コラーゲンも豊富。このいところだけを十分にいただきたい。

それには、代謝を助け、免疫力をアップさせるショウガ、ネギ、ニンニクなど、香辛料の強いものをみんな集めよう。

ネギやニンニクは、硫化アリルという物質があって、血のめぐりを良くしてくれる。ショウガはショウガオールという物質で体温を高めてくれる。さらにキノコや糸カンテンなどを入れると、食物繊維もとれる。

まず、皮付きショウガとニンニクをたたいてつぶす。ネギは斜め薄ぎりに切る。

鍋にごま油を少々入れ、香りがしてきたら、ショウガとニンニクを入れ、手羽先をさっと炒める。あらかじめとっておいた鶏ガラスープを加え、アクを取りながら二〇分ほど煮る。

切っておいたネギと、あればキノコや糸カンテンを入れ、一度煮立ったら、塩、コショウで味を整える。

力がついて、病気をよせつけないだろう。

最後にウドンかご飯を入れていただくことも忘れないで。

〈ゴボウ入りあんかけ団子〉

細かいササガキにしてゴボウを肉（鶏肉）団子に入れる。ササガキでも食べにくいお年寄りのいる家庭では、ゴボウをすりおろして下さい。ゴボウのリグニンという物質は、有害物質を吸着して体外に出してくれる性質がある。

昔から、ゴボウは毒を下してくれるとよくいわれている。といっても、ゴボウは硬いので、胃腸の弱くなった体にはきつい。だからミキサーなどでおろすといい。

鶏肉のひき肉は、肉屋で目の前で挽いてもらってほしい。すでにミンチになっている肉はやめておいたほうがよい。ミルやミキサーがあれば、家庭で挽く。

ゴボウとひき肉、卵、酒、しょうゆ、塩をボールに入れ、よく混ぜて一口大の団子に丸める（分量の目安は、ひき肉一〇〇グラムに対してゴボウ一五センチくらい、卵半個、しょうゆ小さじ二分の一、酒小さじ一、塩少々）。

水を沸騰させて肉団子を入れ、浮いてきたらでき上がり。中を割ってみて赤い肉がないか確かめる。あればもう一度茹でて、ていねいにすくい上げる。

別に、甘辛いたれを作っておき（片栗粉でとろみをつける）、団子にかけてでき上がり。ここでも、上からネギか大葉の細かく刻んだものをかけるといい。

茹でたスープは、肉のうまみが出ているので、そのまま冷蔵庫に入れておけば、スープやラーメンに使える。

〈グリーンアスパラの卵炒め〉

グリーンアスパラは、アスパラギン酸というアミノ酸を多く含む、すぐれた野菜だ。このアミノ酸は、疲労回復にとてもいい。血管を丈夫にして免疫力も高める。こうした野菜と卵や肉を一緒にして食べれば、生活習慣病予防に期待できる。

野菜いためだから、だれでも簡単にできる。いい旬のグリーンアスパラが手に入ったらそんな時こそ、牛や豚肉、そして卵を使って油炒めにしましょう。

〈森のサラダ〉

キノコブームで、さまざまなキノコが手に入りやすくなっている。

ブナシメジ、エリンギ、ナメコ、マイタケなどなど、キノコをさっと熱湯にくぐらせて、酢やしょうゆ、みそなど、好きなタレでいただくといった簡単なもの。

キノコはほとんどが繊維だ。肉を食べると、どうしても便秘がちになってしまうのは当然のこと。日本人は農耕民族だったので、肉食の欧米人より腸が長いといわれる。穀物や草を食べてゆっくりと静かに消化してきたのが、日本人の体だ。だから、体内に動物性脂肪が入ると、胆汁酸という液を分泌させて、一生懸命に脂肪を消化しようとする。あまり急激に多くの胆汁酸を出さないようにできている日本人の体が、肉をたくさん食べて、急に胆汁酸を出さなければならなくなると、無理が加わる。腸内にも長く肉がとどまるわけで、細菌がついたりして便秘になっていく。それを繰り返しているうちに、発ガン物質に変化して、大腸ガンを誘発すると考えられている。

できるだけ肉を少なくして、食物繊維をたっぷりとり、腸をきれいにしておくこと。キノコはその意味ではとてもいい食材だ。腸がきれいになれば、免疫力もアップする。

ドレッシングに、ペクチンを多く含んでいて、やはり老廃物を出す作用のあるリンゴを使うと一層いい。リンゴをすりおろして、酢、しょう油とまぜたドレッシングに。

その他、切り干し大根やヒジキのサラダもいい。是非、焼肉やステーキの付け合わせにしたいものだ。

あとがき

ＢＳＥ（牛海綿脳症）、遺伝子組み換え（ＧＭ）食品やＳＡＲＳに鳥インフルエンザなど、ウィルスのことから食べ方まで、「食の安全や危機」についての本が目立っている。

それらを読んでいるうちに、人間にとって欠くことのできない「食」が地獄へ向かって転がり落ちている状況に震えあがった。私は「食べるものが何もないじゃないの」と、物があふれているスーパーで、肉の盛られた発砲スチロール皿を眺めまわして、元に戻した。

「何を食べても一生」とやけっぱちに近い気持ちが頭をもたげてくる。その一方で、「私はしかたないが、未来のある子供たちには安全なものを食べさせたい」、そんな思いが強いのも事実である。

私は軸足を農民、農業、農村において、四〇余年記者をやってきた。今知りたいことは「どうしたら安全な肉を食べ続けられるのか」ということである。

だが、「知りたいこと」は、取材すればするほどわからなくなっていった。そんなわけで本書『あぶない肉』は難産だった。

その理由は大きく分けて二つある。

一つは、書きはじめたら、次々と発生する「食肉事件」である。二〇〇三年暮れから二〇〇四年初めにかけてアメリカでＢＳＥが発見され、アメリカ牛肉輸入禁止で牛丼が社会問題化された。タイ、ベトナムなどアジア各地で鳥インフルエンザが拡大、しかも鳥から豚、そして人へという感染経路ではなく、鳥から人、人から人へと感染する新しいウィルスが発生していた。日本でも二〇〇三年暮れ、山口県、京都府に恐れていたウィルスが〝上陸〟した。渡り鳥にのっかってやってくる鳥インフルエンザウィルスは、日本中のどこの沼や池、川にいてもおかしくない。そして、今、目の前にまで新型インフルエンザがやってきている。

食肉の危機は、偽装表示という社会事件にも広がった。輸入肉を国産肉と偽ったり、ハンナン事件に代表されるように、BSE汚染に伴う国内産牛肉の買い上げ補償制度を利用して、輸入肉を国産肉に混ぜて処分し、補償金を取ってしまったなど。

ここ五年ほどは、「連続食肉事件」といっていいほど食肉関係の事件が続いた。その極めつけが、日本でもついに変異型クロイツフェルト・ヤコブ病（VCJD）の犠牲者が出てしまったことだ。

その後、アメリカ産牛肉の輸入再開が決定された。政府は二〇ヵ月齢以下の牛をBSE検査から外す方針を決め、アメリカ産牛肉も二〇ヵ月齢以下と判断されるものは日本に入ってくることになってしまった。牛の履歴（トレーサビリティ）の制度がないアメリカでは、牛の年齢を肉質と骨で判断することで、日本側もほぼ同意した。しかし、多頭飼育のアメリカで、本当に月齢がわかるのだろうか。この点は、日本の研究者も心配する人が多い。

統計学的に見て、二一ヵ月齢以上の牛が混入する割合は「一・九二%以下」とアメリカはいっている。すると、単純に計算して、輸入禁止前の牛肉輸入量を年間二七万トンとすれば、そのうち約五〇〇〇トンが二一ヵ月齢以上になることもあるわけだ。

どんな大ベテランの検査員が検査しても、混入ゼロということはあり得ない。当然、輸入再開早々、特定危険部位の脊柱入りアメリカ産牛肉が日本にやってきた。このことに腹の底から怒りが込みあげてきている。

また、アメリカ側は「ＢＳＥ発生の確率は五〇年に一度だ」と主張する。しかし、どんなに確率が低かろうが、生命に関わることだ。どんな小さな「不安」でも完全に解消するまでは、輸入再々開はやめるべきだ。そもそも、ＢＳＥそのものがわからないことだらけなのだから、時間をじっくりかけて、その正体をつかみ、ＢＳＥを予防することと、変異型クロイツフェルト・ヤコブ病の治療に全力をかけるべきだった。

牛肉を「第二のアスベスト」にしてはならない。優れた建材としてもてはやされた石綿が、何十年か後に環境と人の生命を奪っていたのだ。ＢＳＥも、今大丈夫だからといっても、何十年後に被害が出ることは確実だ。将来に被害が出る前に対策を講ずる「予防原則」こそ石綿に学んでほしい。

二つめは、ステーキ一枚や一杯の牛丼になるまでの食肉加工過程など一切のことが全く見えてこないこと。牛を飼う人、肉を作る人、その肉を売る人、肉を食する人、それぞれの距離が物理的にも観念的にも遠くなってしまった。

村に小さな屠畜場があって、牛や豚の断末魔の悲鳴を聞き、首を落とした鶏が庭の木にぶらさがっている。その夜に、牛や豚の内臓いっぱいの鍋を家庭でつつく――。そんな風景があった頃、村の広場に「鎮魂牛（豚）」と書かれた石碑が建っていた。その前に年一度村民が集い、家畜への感謝を語り合う「供養祭」に子供も参加していた。少なくともこの時代は、食う人も飼う人も屠畜する人も、食われる牛も、牛の生命を共有していたはずだ。

いつの間にか、合理性だけを追求する畜産になっていた。動物を飼うのではなく、肉を〝つくる〟という産業に。そして、激しい市場競争の中で、それは工業畜産へと定着していった。食肉のグローバル化である。日本本来の小さな土地に根をはった手づくりの家庭畜産は崩壊し、企業畜産と輸入畜産に取って代わられたのである。

人間の歴史は、食物連鎖の歴史でもある。地球上の多種多様な動植物や微生物を人間は食糧にし続けてきた。あらゆる生命を加工し、改良し、食品化してきたのである。極めつけは、自然界のルールを破り、生物の心ともいえる遺伝子を組み換えして、これまでになかった動植物をつくりはじめたことだった。

とどまることを知らない人間の欲望に、動植物、微生物のしっぺ返しが始まった。それがBSEや鳥インフルエンザ、SARSなどさまざまなウィルスの出現であると考えるべきではないだろうか。食物連鎖の頂点に立つ責任ある人間として、すべての生きものとの共存こそ、食の安全を確保していくルールであろう。本書では、こうした生命の共存を考えの底に置きながら、川上の生産者（農業）から川下の消費者の食べ方（食文化）、買い方まで考えてみた。食べ方の安全は、生き方や生活の仕方を考えずには得られないことを書き添えたい。

私たちのまわりが大きく激しく変化していく中で、「食の安全」をどうしていくか。自分のこととして行動を起こしていくべき新しい時代に入ってきた。危険なものを買わず、安全な食材の生産を維持可能にする農業の確立を目指すことを考えていきたい。本書がその一助になればと願っている。ご批判いただければ幸せである。

生産者、流通、販売の現場の方たちには、取材で多くのことを教えていただき、心から感謝したい。また、迷路に入ってしまった時には、多くの科学者のデータや論文にどれほど助けられたことか。お礼を申し上げたい。

難航し続ける執筆をじっと見守っていただいためこんの桑原晨さんに深く感謝したい。同時に、整理、構成と共同作業を辛抱強く、励ましながらして下さった編集者の戸塚貴子さんなくして、本書は形にならなかっただろう。ありがとうございました。

二〇〇六年二月

西沢江美子

資料

私が取材した範囲で、安全な肉や卵を届けようと、苦労している生産者を紹介しましょう。できるだけ、牛や豚、鶏を動物本来の暮らし方をさせながら、健康な家畜に仕上げている人たちです。日本中には、まだまだ、たくさんのこうした素晴らしい人たちがいます。全員ここに紹介できないのが、とても残念です。おすすめの生産者がいたら、ぜひご連絡下さい。

〔豚肉〕

●「サイボク」（埼玉種牧場）
埼玉県日高市下大谷沢
Tel ０４２９-８９-２２２１
豚肉、ハム・ソーセージ、鶏肉、鶏肉加工、牛乳、バター、チーズなど。

●「はまぽーく」（横浜農協食品循環型はまぽーく出荷グループ）
横浜市横浜農協
Tel ０４５-２０１-６６１２
横浜市の一三戸の豚生産農家のグループ。

市内小学校（七一校）の給食の食べ残しや食品専門店の調理くずなどを専用の施設でボイル乾燥し、脂分を取り除いて飼料にしている。「地域で発生する食べ残しを循環させよう」と始まったもの。昔はどこにでもあった食べもの循環リサイクルの仕組みを、現代に合わせてつくりあげているのが特徴である。横浜市のごみ減量作戦「G30運動」のひとつでもある。人間の食べ残りを食べて飼われてきた本来の豚肉を「今」にという、いわば、横浜市民がつくりだした豚肉である。肉は甘く、やわらかくておいしいと評判が高い。

これからは母豚も統一させて、より安全でおいしい肉をつくっていこうという意気込みで、年間一万三〇〇〇頭出荷を目標にしている。また、学校給食へも提供して、子供たちに自分の給食の残りを食べて大きくなった豚を食べるといった食品のリサイクルを伝えていきたいと取り組みが広がっている。

●「鹿児島渡辺バークシャー牧場」

ＪＡ食肉鹿児島（鹿児島市）
Tel ０９９-２５８-５６５８

黒豚で肉の味はとてもあまみがあっておいしい。飼い方がとても自然である。生後三ヵ月で放し飼いにしている。日光を浴びて十分においしい空気の中で育った豚は、やたらに土に鼻をつけて、ブーブーいっていた。これで、豚は免疫を高めるのである。

エサはまさに飼料といわずエサである。昔風に煮て与えられる。また芋、麦、ヌカ、大豆かす、ビール酵母、パン酵母などゆっくり発酵してから与える。
出荷は九ヵ月と普通出荷より一〇〇日ほど長く育てる。それだけゆっくりと十分に育てていた。そのため手間がかかって、出荷量は年間一万三、四〇〇〇頭と少ない。今のところ地元と東京のお得意様に出荷するしか量がない。

〔牛肉〕

●「興農ファーム」
北海道標津町古多糠四七四
Tel01538-4-2358　Fax01538-4-2022
グリーンコープ連合や共同購入グループへ出荷。
標津は酪農地帯なので、牛肉もホルスタインのオスである。ここの特長は、普通ホルスタインの雄は牛肉にするために去勢するが、去勢しないまま育てることである。雄牛のまま肉になることは、健康で当たり前の牛が肉になるので安全であるということだ。また、ホルスタインであるため、筋肉に脂肪が入らないくて、牛肉の特徴といわれる〝霜降り〟肉でないが、逆にコレステロールの少ない肉である。コレステロールの気になる方にはいいだろう。
農薬も化学肥料も使っていない牧草を自給している。その他、穀物飼料として、道内産のクズ米、大豆、でんぷんカス、ピートパルプなど、すべて道内産のものを食べさせている。輸入品のトウモロコシもかつて使っていたが中止した。遺伝子組み換えでないトウモロコシを確実に輸入できないからである。

●「大地工房チャレンジ牛肉」
岩手県岩泉町役場農政課が窓口になって、「大地工房チャレンジ牛肉」と呼んで取り組んでいる。
Tel 0194-22-2111 Fax 0194-22-5577

東北地方に昔から根づいていた品種の短角牛。当然牛の飼い方も昔ながらの飼い方が特長である。「夏山冬里方式」といって、山を利用し、草を中心に飼う方式である。五月になると短角牛の母牛は冬の間に牛舎で生まれた子牛（二ヵ月ほど）を連れて、山の放牧地へ放される。ここで、夏の間、母と子は十分に運動し、草を食べ、おっぱいを吸って大きくなっていく。そして雪が降る前に母牛と大きくなった子牛は里の牛舎へと帰ってくる。この時、母牛は放牧場で自然に妊娠して帰ってくる。そして、また春先に子牛が生まれる。それを繰り返す。

牛舎にもどった子牛は、二〇数ヵ月になるまで肥育され、出荷されていく。この時のエサは、肥らせるための穀物飼料と乾草などである。自然の一員として、自然に大きくなって肉になっていく。そういう性質を持った短角牛の肉は、やわらかくて甘く、香りがいい。

●「あか牛を食べて草原を守ろう」
熊本県畜産農業協同組合（熊本市）

Tel ０９６-３６９-００７７
あか牛の販売（熊本市）ミートショップカウベル
Tel ０９６-３６５-８８３３

阿蘇山は九州五県の水源である。その水を守ることは、草原を守ること。そのために牛に昔のように手伝ってもらおうと、牛に草を食べてもらう。草刈りを牛にしてもらうというわけだ。夏の間牛はそこで暮らすことになる。その結果草原も山も、水も守れ、同時に健康な牛肉が生産されることにつながるといった一石二鳥の案である。

このあか牛肉はグリーンコープや首都圏のナチュラルコープなど共同購入グループで販売している。「阿蘇山」「あか牛」などの表示をよく見ることで見分けをつける。

〔鶏肉・牛肉〕

●「農事組合法人米沢郷牧場」
山形県高畠町
Tel ０２３８-５７-７２２５

一九六〇年代の終わり、当時二〇代の農家の跡取りたちは、米国並みの大規模肉牛経営者を夢みて農協から莫大な借金をした。ところが、やがてオイルショックと国際穀物危機で輸入飼料が高騰、彼らはたちまち首を吊る寸前まで追い込まれ、農協から破産宣告を受ける者も出てしまう。そんな若者たち五人が立ち上げたのが農事組合法人米沢郷牧場である。近代的な大規模畜産経営に苦しんだ若者たちが試行錯誤の末に到達したのは、農業・農村内部の物質循環を基本にした有畜複合経営だった。彼らは農民一人一人の個の確立と地域という集団の自立をうまく組み合わせて、日本型の新しい農業・農村をつくりあげたのである。

ここでは果樹、稲、野菜、肉牛、ブロイラー（肉鶏）の生産、加工、販売まで手がけている。無農薬・有機栽培で、畜産も地域の飼料を生かす飼い方を考案すると同時に、穀物を少なくしても肥育できる牛の品種改良をするなど、独自の農業技術をつくりだしてきた。農業の近代化と闘いながら安全な肉をつくり続けている農業集団は、設立三〇年を迎えた。

〈豚肉・ハム・ソーセージ〉

●「伊賀の里モクモク手づくりファーム」三重県・阿山町

三重県伊賀市

Tel 0595-43-2211（注文）

Tel 0595-43-0909（代表）

輸入豚に押されて消えそうになった三重産の豚をなんとかしようと立ち上がった養豚家の女性たちの手によってつくりだされた。「安全」を中心にすえ、生産・加工・販売をしている。エサはほとんど地のもの。加工はできるだけ添加物をひかえている。

●「農民運動全国連合会」
東京都豊島区南池袋二-二三-二　池袋パークサイドビル4F
Tel 03-3590-6759
残留農薬などを検出する独自の食品分析センターを持っていて、全国的に産直活動をしている。「農民連」という農民組織ですぐれた畜産農家も加入している。問い合わせて見て下さい。

●「生活クラブ生協」
東京都新宿区新宿六-二四-二〇　シグマ東新宿ビル6F（連合会）
Tel 03-5285-1771
生活クラブ生協は一都一道一三県にあって、生活クラブ事業連合生活協同連合会を結成している。この生協は、「豚の一頭買い」という方式で、契約生産者から丸ごと一頭を買い、組合員で分け合い、生産者を支えてきた歴史がある。安心した肉を食べていくには、生産者を支えながら共に豚肉をつくっていくことだと、品質から飼育方法まで生産者と共に考え続けている古い歴史のある組合である。
各地の生活クラブの問い合わせは生活クラブ連合会に。

●自治体独自で「表示」を持って、いい肉の生産・販売に努力しているところもできている。長野県、群馬県、埼玉県、岩手県などは、県をあげて安全安心な肉づくりをしているので、それぞれの「食品安全」担当に問い合わせていただきたい。
各県に独自のブランド肉があるのでおすすめしたい。

参考文献

主に次の文献を参考にさせていただきました（統計書、白書類は除く）

池田正行『食のリスクを問いなおす――ＢＳＥパニックの真実』ちくま新書
伊藤敞敏・渡辺乾二・伊藤良『動物資源利用学―乳・肉・卵の科学』文永堂出版
伊藤宏『食べ物としての動物たち――牛・豚・鶏たちが美味しい食材になるまで』ブルーバックス
大山利男『有機農業と畜産』筑波書房ブックレット
岡田時恵・四代眞人『感染症とたたかう――インフルエンザとＳＡＲＳ――』
小倉正行『食糧輸入大国ニッポンの落とし穴』新日本出版社
小野寺節『狂牛病と食の安全』総和社
小野寺節・佐伯圭一『脳とプリオン――狂牛病の分子生物学――』朝倉書店
加地正郎『インフルエンザの世紀「スペインかぜ」から「鳥インフルエンザ」まで』平凡社新書
笹崎龍雄『生活革命し食を原典とした「本物の暮らし」を見直す』埼玉種畜牧場
菅原明子監修『五訂　食品成分表――食品の陰陽がひと目で分かる――』池田書店
体験を伝える会添加物一一〇番編『食品・化粧品、危険度チェックブック』情報センター出版局
豊島正治『肉屋さんが書いた肉の本』三水社
中島紀一『安全な食・豊かな食への展望を探す――食と農のよい関係をつくりたい』芽ばえ社
中村桂子『食卓の上のＤＮＡ――暮らしと遺伝子の話』早川書房
中村靖彦『食の世界にいま何がおきているか』岩波新書

日本ハム・ソーセージ工業協同組合『ハム・ソーセージ読本――生産から食卓まで』社団法人日本食肉加工協会
平澤正夫『牛乳・狂牛病問題と「雪印事件」――安心して飲める牛乳とは』講談社＋α新書
福田稔編著『実例「免疫革命」の名医たち――「自律神経免疫療法」実践の記録』講談社＋α新書
藤岡幹恭・小泉真彦『おもしろくて、ためになる最新農業の雑学事典』日本実業出版社
藤原邦達『食品被害を防ぐ事典――20世紀食品被害事件を総括する』
増井和夫『日本の畜産再生のために――飼料構造と地域の視点から』山崎農業研究所
村上直久『世界の食の安全を守れるか――食品パニックと危機管理』平凡社新書
山内一也『狂牛病（BSE）・正しい知識』河出書房新社
山田正彦『輸入食品に日本は潰される――農水委員会理事、衝撃のレポート』青萠社
リチャード・W・レーシー『狂牛病　イギリスにおける歴史』緑風出版
リチャード・ローズ『死の病原体プリオン』草思社

〈雑誌〉
『食べもの通信』二〇〇四年七月号　家庭栄養研究会
『食生活』二〇〇四年四月〜七月号　全国地区衛生組織連合会
『食べもの文化』二〇〇四年八月号　芽ばえ社
『農村と都市をむすぶ』二〇〇四年一二月号、二〇〇五年一月号　全農林労働組合農村と都市をむすぶ編集部
『栄養と料理』二〇〇四年三月号　女子栄養大学出版部
『肉牛ジャーナル』各号　㈱岡牛新報社

『くらしに役立つ食品表示ハンドブック　全国食品安全自治ネットワーク版』全国食品安全ネットワーク食品表示ハンドブック作成委員会

〈新聞〉
『農民』各号　農民運動全国連合会
『全国農業新聞』各号　全国農業会議所
『日本農業新聞』各号　全国新聞情報農業協同組合連合会
『農業共済新聞』各号　全国農業共済協会

西沢江美子（にしざわ・えみこ）
農業ジャーナリスト
1940年群馬県生まれ。農業、女性、農村、くらしなどをテーマに日本各地を精力的に飛び回り、執筆活動を続けている。
著書：『米をつくる米でつくる』（2005年、岩波ジュニア新書）、『あぶない野菜』（2001年、めこん、共著）、『凶作むらからの証言』（1994年、社会評論社、共著）など。

あぶない肉

2006年2月15日　初版第1刷発行

定　価　1900円＋税
著　者　西沢江美子
カバー口絵　大野リサ
編　集　戸塚貴子
発行者　桑原晨
発　行　株式会社めこん
〒113-0033　東京都文京区本郷3-7-1
電話：03-3815-1688　FAX：03-3815-1810
http://mekong-publishing.com
印刷・製本　太平印刷社

ISBN4-8396-0195-X C0030 ¥1900E
0030-0601195-8347

あぶない野菜

大野和興・西沢江美子

定価一四〇〇円＋税

国籍不明の「食」の激流が日本本来の生産から消費までの仕組みを飲みこんでしまった。①野菜に何が起きているのか ②なぜ野菜まで輸入なのか ③私たちはどうすればいいのか ④たしかな野菜を手に入れるための手引き。

NGOの選択 グローバリゼーションと対テロ戦争の時代に

日本国際ボランティアセンター（JVC）

定価一九〇〇円＋税

NGO（非政府組織）は今、岐路に立たされている。時代の花形のようにもてはやされる一方で、政治とどう向き合うかが問われているのだ。人道援助、地域開発、市民活動の現場に立つ人々の真摯な議論。

イサーンの百姓たち NGO東北タイ活動記

松尾康範

定価一六〇〇円＋税

グローバリゼーションの嵐の中で追い詰められた東北タイの農民たちがNGOと手を組んだ。地域の農業が生き残るためのタイと日本の百姓の交流。むらとまちを結ぶ「市場」づくりは成功するのだろうか。